精细化密集烘烤

王能如　韦建玉　林北森　等著

广西科学技术出版社

图书在版编目（CIP）数据

烤烟精细化密集烘烤 / 王能如等著. —南宁：广西科学技术出版社，2019.11（2021.5重印）
ISBN 978-7-5551-1253-2

Ⅰ.①烤…　Ⅱ.①王…　Ⅲ.①烟叶烘烤　Ⅳ.①TS44

中国版本图书馆CIP数据核字（2019）第245421号

烤烟精细化密集烘烤
王能如　韦建玉　林北森　等著

责任编辑：饶　江　　助理编辑：陈正煜
责任印制：韦文印　　封面设计：韦宇星
责任校对：陈剑平

出 版 人：卢培钊
出版发行：广西科学技术出版社　　地　　址：广西南宁市东葛路66号
网　　址：http://www.gxkjs.com　　邮政编码：530023

经　　销：全国各地新华书店
印　　刷：广西雅图盛印务有限公司
地　　址：南宁市高新区创新西路科铭电力产业园　　邮政编码：530007
开　　本：787 mm × 1092 mm　1/16
字　　数：210千字　　印　　张：13.5
版　　次：2019年11月第1版　　印　　次：2021年5月第2次印刷
书　　号：ISBN 978-7-5551-1253-2
定　　价：98.00元

著者名单及单位

王能如（中国科学技术大学）
韦建玉（广西中烟工业有限责任公司）
林北森（广西壮族自治区烟草公司百色市公司）
张纪利（广西中烟工业有限责任公司）
韦　忠（广西壮族自治区烟草公司百色市公司）
罗　刚（广西壮族自治区烟草公司百色市公司）
周文亮（广西壮族自治区烟草公司百色市公司）
黄崇峻（广西中烟工业有限责任公司）
宋战锋（广西壮族自治区烟草公司百色市公司）
农世英（广西壮族自治区烟草公司百色市公司）
黄宝瑞（广西壮族自治区烟草公司百色市公司）
徐增汉（中国科学技术大学）
李俊霖（广西壮族自治区烟草公司百色市公司）
王俊锋（广西壮族自治区烟草公司百色市公司）
金亚波（广西中烟工业有限责任公司）
高华军（广西壮族自治区烟草公司百色市公司）
许明忠（广西壮族自治区烟草公司百色市公司）
贾海江（广西中烟工业有限责任公司）
王东贤（广西壮族自治区烟草公司）

前　言

烤烟烘烤是将烤烟鲜叶加工成为具有特定工业使用价值的原料烟叶（原烟）的过程，属农产品加工工程。

我国自20世纪初开始种植烤烟，长期使用普通烤房烘烤烟叶（普通烘烤）。进入21世纪以后，才大面积改用密集烤房烘烤烟叶（密集烘烤）。我国烤烟普通烘烤长期处于经验性烟叶烘烤阶段，到20世纪80年代才逐步转向科学化烟叶烘烤。

科学化烟叶烘烤是指以科学理论为指导、以科学方法为保证，符合科学规律的烟叶烘烤。从20世纪80年代到21世纪头十年，我国烟叶烘烤着重强调“物理”，即通过揭示和把握烟叶变化的基本规律和烤房工作的基本原理，使烟叶烘烤工艺技术日益符合自然科学原理。在这一阶段，从中国烟草总公司到烟区生产一线，举国上下着力创新，在科学烘烤方面取得许多理论创新和技术突破，“烤烟三段式烘烤技术”是这个阶段的重大成果。

2010年以后，密集烘烤尤其大面积实施专业化烘烤以后，人们逐渐意识到烟叶烘烤不仅要讲“物理”，还要讲“事理”，即不仅要讲自然科学原理，还要明白做事、成事的规律以及要掌握善于做事、善于成事的技巧。在这种情况下，精细化烘烤应运而生。

精细化密集烘烤是在常规密集烘烤基础上将精细化管理理念及有关方法、工具有效融入烟叶烘烤技术体系，并通过规则系统规范烟叶烘烤行为的技术活动或运行模式。它以“物理”技术为基础，以“事理”技术为统领，融“物理”“事理”“人理”于一体，可望引导我国现代烟叶烘烤展开新一轮技术转型和升级。

本书是作者基于多年课题研究及生产实践撰写的。全书共设九章，其中第一至第三章为理论部分，分别介绍烟叶烘烤工程论、烟叶烘烤系统论和烟叶烘烤技术论；第四至第七章为技术部分，分别论述精细备烤、配炕采收、夹烟装炕和烘烤控制；第八至第九章为保障部分，分别阐述密集烤房设备管护和精细化烟叶烘烤技能培训。

需说明，从烟叶烘烤基础流程看，本书没有设置“烤后烟叶回潮、整理与存放”相关章节，并不是因为这些内容不重要，而是因为常规烘烤在这方面已经做得比较细致和到位，无须赘述。另外，也没有单独介绍“非正常烟叶烘烤技术”，而是首先强调精细化备烤，全力培植优质烟叶，减少非正常烟叶比例，而后，在烟叶采、夹、装、烤过程控制技术部分，阐述不同素质烟叶的技术处理原则及其规律性技术手法，希望读者理解。

本书由王能如主笔，韦建玉、林北森等参与编著。其中，张纪利、韦建玉、韦忠分别参加了第一、第二、第三章的编著，罗刚、周文亮、贾海江分别参加了第四、第五章的编著，宋战锋和农世英参加了第六章的编著，徐增汉、黄宝瑞参加了第七章的编著，李俊霖和王俊锋参加了第八章的编著，高华军参加了第九章的编著，林北森同时参加了第八、第九章的编著。书中图片主要由李俊霖提供，部分图片由胡国和提供。

全书由王能如、韦建玉、林北森、张纪利、罗刚、黄宝瑞、黄崇峻、金亚波审稿，由王能如终审并定稿。

本书适用于烟叶科技工作者尤其是基层技术人员，也可供有关研究人员和高校师生参考。

“九层之台，起于累土”。烤烟精细化密集烘烤尚处于萌芽起步阶段，本书难免存在不足之处。值本书出版之际，对关心本书撰写、出版的有关领导和提供帮助的同行表示诚挚的谢意，并希望得到广大读者和有关专家的批评指正。

王能如
2019 年 3 月 26 日于庐州

目 录

第一章　烟叶烘烤工程论

第一节　烟叶烘烤是农产品加工行为

一、烟叶烘烤的概念

烤烟是一种经济作物。烤烟鲜烟叶内含物丰富，含水率很高，但无工业使用价值，也难以安全储藏，必须通过烘烤将其烤黄、烤干、烤熟、烤香，才有工业使用价值，并可安全储藏。

烤烟作为卷烟工业原料，是一种特殊的农产品。烟叶烘烤就是将烤烟鲜烟叶加工成为具有特定工业使用价值的原料烟叶（原烟）的过程。

二、烟叶烘烤的实质

加工是通过一定工序和方式将原材料或半成品转化为目标需求的过程的总称。通过加工使原材料或半成品变得合用或达到某种要求。烟叶烘烤属农产品加工（工业原料加工）。鲜烟叶经过烘烤，不仅改变了外观特征（由青变黄、由湿变干），还深刻改变了内含物组分，从而由内而外地产生特定的色、香、味及各种有利于卷烟工业需要的理化特性。

就性质而言，抽象地说，烟叶烘烤是对烤烟鲜烟叶的人为定向转化过程；具体地说，烟叶烘烤是将烤烟鲜烟叶烤制出具有特定质量风格和质量水平的过程。

就行为而言，烟叶烘烤就是将田间成熟的新鲜烟叶采摘下来，有规则地装入烤房，通过温湿度调控，让其在失水干燥的同时，发生一系列有利于烟草工业品质的生理生化变化和物理化学变化，并在烟叶质量发展到适宜状态时，及时固化既得品质的过程。

三、烟叶烘烤的行为变化

改革开放以前，我国处于计划经济时代，由于资源短缺，烟叶生产方只要能产出足够烟叶，就可满足工业要求。这时，烟叶生产要求不高，水平较低。改革开放初期，烟草农业仍然比较传统落后，千家万户种烟，户均数亩，分散烘烤，所用烟叶烤房叫作“普通烤房”（见图 1–1），采用自然通风烘烤，这种烟叶烘烤叫作“普通烘烤”。这种状况一直持续到 20 世纪 90 年代，千家万户小规模种植，家庭作坊式的烟叶烘烤烤后的烟叶质量不高、产量不稳，难以适应现代卷烟工业生产和发展的需要。

图 1-1　普通烤房外貌

到 21 世纪初期，随着社会经济发展、科技进步和烟草行业对卷烟原料的高度重视，我国烟叶生产进入了现代烟草农业建设阶段。

2005 年起，我国烟叶烘烤开始关注土木结构“密集式烤房”（俗称“密集烤房”或称“密集炕房”，见图 1–2）的推广应用，普通烘烤迅速转型为密集烘烤。密集烘烤的机械化作业和自动化控制、密集烤房的集群化建设（见图 1–3）和集中烘烤凸显了现代烟草农业特征。

图 1-2　一座能够整体移动的密集烤房

图 1-3　密集烤房的集群化建设

伴随着密集烤房的快速推广，国家烟草专卖局于 2007 年提出努力推进传统烟草农业向现代烟草农业转变的“一基四化”发展要求：全面推进烟叶生产基础设施建设，努力实现烟叶生产的规模化种植、集约化经营、专业化分工和信息化管理。2011 年，国家烟草专卖局又进一步明确烟叶生产要“原料供应基地化、

烟叶品质特色化、生产方式现代化”。此后，基于不断探索和积累，围绕烟草原料基地单元建设，全国烟农专业合作社蓬勃发展，烟区专业化服务组织不断涌现，烟叶生产很快实现了种烤分离，进入专业化烘烤新阶段。自此，基地单元生产、种烤分离、规模化种植、密集式烘烤、集群化烘烤管理、专业化烘烤服务使我国烟叶烘烤全面迈入现代化轨道，烟叶烘烤已与过去大不相同。

在传统烘烤时期，烟叶烘烤是用小容量的普通烤房分散加工；到现代烘烤时期，烟叶烘烤是用大容量的密集烤房来集中烘烤。

在传统烘烤时期，烤烟种植与烘烤是家庭行为，种烤一家，种烤不分；到现代烘烤时期，实行种烤分离，广大烟农主要负责规模化种植并种好烟叶，烟叶采收由采收专业队来完成，烟叶烘烤由烘烤专业队来完成。专业化分工将广大烟农从烦琐严密、技术难度较大的烟叶烘烤环节中解放出来，种烟大户茁壮成长，各地烟叶栽培烘烤水平大大提升。

新时期就有新事物，新事物就有新要求，新要求就有新挑战。在传统烘烤时期，是自家人烤自家烟叶，即使是一户一炕，烤房容量也普遍较小；如今的专业化烘烤是替种烟农户烘烤烟叶，少则十几座烤房（烤房群），多则几十座上百座烤房（烘烤工场），且单座密集烤房的烘烤容量就大大超过普通烤房。过去一家每采收一个轮次（某几个叶位）最多只有一炕烟叶，而现在的烤房群或烘烤工场，每采收一个轮次则有十多炕乃至几十炕烟叶。在传统烘烤时期，对一炕烟叶的烘烤质量关注度不高。现在，每烤一炕烟叶都关系到种烟农户的切身利益、烘烤专业队的技术责任和社会声誉及烘烤师的个人利益。烟叶烘烤技术水平，还会影响到专业化烘烤的可持续发展。

从上述可以看出，我国烟叶烘烤已由千家万户各行其是的自理性烘烤转变为专业化组织集中统一的服务性烘烤，由劳动密集型为主要特征的烟叶烘烤转变为技术密集为主、劳动密集为辅的烟叶烘烤。现代烟叶烘烤的行为特征已与传统烟叶烘烤发生了根本性变化，“烘烤师”“烘烤专业队”“采收专业队”等新业态和专业化烘烤组织在广大烟区应运而生。

第二节　烟叶烘烤绩效愈来愈依靠业者的技术水平

绩效是一个组织或个人在一定时期内的投入产出效果。从经济管理学角度出发，绩效是指社会经济管理活动的结果和成效。从组织行为学角度出发，绩效是组织为实现其目标而开展的活动，在不同层面上的有效输出。结合绩效的定义，在不考虑投入差异的情况下，烟叶烘烤绩效主要是看烟叶烘烤质量及其带来的实际烟叶产量与售烟成效。

一、烟叶烘烤作用大

（一）发展并决定烟叶质量

烟叶质量包括外观质量、内在质量和工业可用性。烟叶烘烤的目的，就是调制、发展并及时固化烟叶质量。烟叶质量首先是基于鲜烟叶的素质，它是大田管理培植的结果，但烟叶质量的形成与进一步发展更依靠烘烤调制。无论烟叶质量的哪一方面，都在烘烤过程中有了很大发展和变化。而在烟草农业领域，烟叶质量的发展过程恰恰止于烟叶烘烤环节，并与人们的烘烤调制技术水平有着很大关系。

（二）烤出烟叶的实际产量

烟叶实际产量是指烘烤后成为可用烟叶产品的原烟产量。它基于田间烟叶的生物学产量，通常与田间烟叶的生物学产量呈正向相关，但烟叶烘烤是决定烟叶质量发展的最后环节，烤后烟叶的实际产量在很大程度上与烘烤密切相关。

类似于烟叶质量的形成、发展及发展水平的终止，烤后烟叶实际产量也是基于田间栽培，止于烘烤调制。

（三）影响烟叶的经济效益

第一，在烤烟生产过程中，烘烤是进一步发展烟叶质量、最后固化原烟质量的关键环节。一方面，有质量才有价值，有价值才有市场。烟叶质量和质量风格在很大程度上决定各地烟叶的市场前景和地位；另一方面，有质量才有产量，有质量、有产量才有烟叶生产的经济效益，从而推动烟叶产业的发展。

第二，烘烤是烤烟生产投入最大的技术环节。通常，烟叶烘烤环节用工约占整个烤烟生产过程用工的2/3；当前每烤1千克干烟的煤电成本往往在1.5~2.0元。

由此可见，能否“优质、高效”烘烤，对烤烟生产的经济效益有着极大影响。

二、烟叶烘烤效果悬殊

（一）同样的烟叶烤后质量往往悬殊

俗话说，“烤好了如一炕宝，烤坏了似一炕草”（见图1–4），这是对烟叶烘烤质量效应的生动诠释。生产上常见这样的现象——同样的鲜烟和烤房，由不同人烘烤，烤后烟叶质量往往出现较大差异。进一步而言，即使同样的鲜烟和烤房，同一人负责烘烤，只要稍微不慎，就会造成烤后烟叶质量损失和产量损失。所以长期以来，虽然工场化育苗、土壤保育、合理种植和科学烘烤得到了稳步发展，我国烤烟生产水平也不断提高，但烟叶烘烤质量一直不高、不稳，某些烘烤专业队的烟叶烘烤质量不容乐观。因此，现代烟叶烘烤必须进一步强化质量第一意识，通过优质烘烤提升烟叶质量、扩大烟叶市场。

a.“烤好了如一炕宝”

b.“烤坏了似一炕草”

图 1-4　烤后烟叶质量悬殊

（二）同样的烟叶烤后产量往往悬殊

在烟叶烘烤实践中，烤前和烤中的许多技术环节，都可能影响烤后烟叶的实际产量。

烤前，烟叶采收作业和烟叶采收成熟度，影响着田间鲜烟叶能否得到及时烘烤以及所采烟叶是否适于烘烤调制，进而影响烟叶产量。

烤前，鲜烟分类的好坏、夹烟质量的高低和装炕过程是否合理，都会影响部分烟叶的烘烤质量，进而影响烤后烟叶实际产量。

烘烤过程，是烟叶烘烤的核心环节，直接影响烟叶质量，进而影响烤后产量。

在烟叶烘烤实践中，烟叶产量损失惊人。通常，在每年的烟叶烘烤环节，烟区烟叶产量损失往往在 15%~20%，有时甚至在 20% 以上。在过去，烘烤环节中的烟叶产量损失往往是间接的、隐形的，没有引起重视，但到现代烟叶烘烤时期，专业化烘烤不得不重视烟叶烘烤中的产量损失。

（三）质量差异和产量差异引起烟叶烘烤绩效悬殊

同样的烟叶和烤房，由不同的人烘烤，即使烘烤成本差异不大，但受到烤后烟叶的质量差异和产量差异的双重影响，烟叶烘烤绩效往往相差甚远。在同一个植烟片区，同样种植规模的种烟农户之间，每年烤后烟叶亩产值相差很大。2017年，广西百色某产烟县有两个相邻的植烟村屯A和B，两个村屯的烟叶种植片区相连，土壤、气候条件高度一致，烟叶种植措施相近，田间烟株长势长相也很相似，但结果显示，A村屯烤后烟叶亩产值平均达4100多元，而B村屯烤后烟叶亩产值平均不到3000元，二者平均相差1100元以上。

烟叶烘烤属于农产品加工，其直接目的是要将各种鲜烟叶的潜在质量发展到位，充分实现鲜烟叶的潜在价值。然而，烟叶烘烤的进一步目的，一方面是为我国卷烟工业提供充足的优质原料，另一方面要充分体现广大烟农的种烟效益。就后者而言，烟叶烘烤不仅要追求烟叶质量、产量和经济效益，还要重视可持续发展和社会效益。近年来我国烟草农业还担当着扶贫、脱贫重任，其重要意义是不言而喻的。

三、现代烟叶烘烤绩效愈来愈依赖业者技术专业化水平

生产实践一再证明，烟叶烘烤效果不仅取决于大田鲜烟素质高低、烘烤设备性能好坏，还取决于烟叶烘烤技术尤其是业者烘烤技术专业化水平。

烟叶烘烤是烤烟生产的关键环节，既需要烟叶培植技术，又需要高水平的烟叶采收技术、烟叶夹持装炕技术、烤房运作技术、烘烤控制技术及烘烤工况管理技术。

相比传统烟叶烘烤，现代烟叶烘烤对技术要求更高，烤房建设集群化、烤房装烟密集化、烘烤设备机械化、烘烤控制自动化的发展，不靠人多，而靠技术，靠的是更多领域的科学技术。如前所述，同样的鲜烟和烤房，烤后烟叶质量差异大、烟叶产量差异大、售烟绩效差异大，其主要原因，就在于从业人员的烘烤技能和专业素质。在目前的专业化烘烤实践中，有一部分业者烘烤技能强、专业素质好，不仅掌握烟叶烘烤技术，还善于运用烟叶烘烤技术。但由于多种原因，有些专业化烘烤从业人员有技术、没水平，烟叶烘烤技术执行力低，必须强化培训学习，跟上现代技术的发展步伐。

第三节　现代烟叶烘烤要强化工程意识，引入工业化思维

一、工程的主要特征

（一）工程具有特定对象和目的

工程都有其特殊对象，有明确的目标要求，有确定的阶段、步骤和投入。要

把工程的目标确定好、完成好，才能取得好的效益。质量是生命线，不能出现质量差错。工程质量高，表现稳定，就有市场和效益。

（二）工程具有明确的科学原理

原理是指自然科学和社会科学中具有普遍意义的基本规律。任何一个工程的实施都有科学原理的支撑，是一定的科学理论的体现，复杂的关键性技术、技术群的应用更离不开科学原理。

（三）工程依靠过程实现目标，讲究过程控制和程序化管理

不论建房、造船、修桥、铺路，都要通过一步步的工序、工艺、工期来完成。无论建造型工程，还是加工型工程，都是如此。工程实践中不讲过程控制、程序化管理，就做不出好的工程，也不可能实现工程目的。

（四）工程依赖科学技术，但不限于自然科学技术

工程是围绕着一个新的目的物的各种资源要素的集成过程、集成方式、集成模式的统一。工程要素主要包括科技要素和非科技要素，前者是工程的核心（层）要素，后者是工程的紧密（层）要素。在产品加工工程中，无论核心要素还是紧密要素，都可能是工程的实现要素或边界条件。

由此可见，工程是一个复合系统。工程要在特定原理的指导下，以保证优质为前提，通过最小投入，利用最适宜的技术，争取最好的效果，获得最大的回报。但工程的实施又不一定能够完全按照某一预设计划方案行事，因为工程的实施往往会受到某些边界条件限制，不能完全按照实施者的愿望和意志行事。

（五）工程具有复杂性

工程是一个相对独立的系统，有着自己的预设目标与功能，而要实现其预设目标和功能，又存在诸多复杂性。

工程的复杂性往往与工程的规模或精密程度密切相关。通常，规模愈大或体系愈精密，工程愈加复杂。但不管工程怎样复杂，只要发挥系统思维能力和逻辑思维能力，就能层层解析，做到纲举目张。

二、现代烟叶烘烤工程特征日益突出

烟叶烘烤有特定的加工对象、加工设备、加工过程和加工目的，属于农产品加工工程，但传统烟叶烘烤的工程特征不够突出，人们并没有将其视为工程。如今，各地通过密集烤房的集群化建设和规模化烘烤，通过多元化、专业化烘烤服务，将过去那种千家万户各行其是的烟叶烘烤转变为集中统一的专业化服务烘

烤，将以劳动密集型为主要特征的烟叶烘烤转变为以技术密集为主、劳动密集为辅的烟叶烘烤，烟叶烘烤工程的规模性、专业性、复杂性大大增强。显然，随着科研开发和技术进步，现代烟叶烘烤将进一步朝着工业化方向发展演变；随着电子技术和远程控制技术的充分应用，烟叶烘烤的工程特征将更加强化。

在现代化背景下，如今的烟叶烘烤不仅要审视烟叶烘烤的加工对象、加工设备、加工过程及加工目的，还要直面专业化烘烤的任务规模、资源配置、技术决策与实施、烟叶质量及风险管理、服务质量及客户关系管理等。尤其要强调的是，质量是烟叶烘烤的生命线，也是专业化烘烤服务及专业化烘烤发展的关键，全面质量管理比以往任何时候都更重要。

烟叶烘烤是烤烟生产的中间环节，前有大田栽培，后有烟叶分级收购。长期以来，经过一轮轮技术创新，我国烟草栽培和烟叶分级收购技术都有长足发展，唯有烘烤一直是很多烟区优质烤烟生产的“短板”环节。从理论上说，包括以下几个方面的原因。

第一，烟叶烘烤作为一种工程，一开始就与传统农业作业方式有所不同，随着形势发展，烟叶烘烤的工程特征日益突出，与传统农业渐行渐远，但很多烟叶烘烤从业人员缺少工程意识和工程思维，与烟叶烘烤的行为方式不适应。

第二，作为工程，烟叶烘烤需要诸多保障，不仅鲜烟素质、烤房设备、烘烤设施、烘烤技术要好，烘烤管理也要好，然而管理恰是我国烟叶烘烤长期缺失的，是最大的“短板”。

第三，由于管理理论的缺失及工程意识不强，广大烟农乃至烟区一些技术人员对烟叶烘烤的技术管理长期停留在概念层次，烟叶烘烤常常受制于系统内部的技术脱节、技术冲突，甚至饱受某些“边界条件”的不明掣肘。如在对烟叶烘烤系统的紧密层要素的把握上，不少烟区往往局限于烟农方面的烟叶质量眼光，而忽略基地单元烟叶质量的工业（用户）需求。又如，在核心层要素上，业内长期以来一直强调“成熟采收”，但如何把握烟叶成熟度等问题还尚未理清，便逾越边界条件采收烟叶。再如，由于理论指导的缺失和烟农的技术欠缺，烟叶烘烤实践中，前面的作业常给后续作业留下了隐患，以致到烘烤工段时，烟叶烘烤进程控制变得困难重重，造成技术人员患得患失、左右为难，一炕烟叶往往在不断纠结之中结束了烘烤。

值得注意的是，随着现代烟草农业的发展，现代烟叶烘烤工程还带有一定的

社会化特点。如面对土地流转和烟草后季作物的正常生产，种烟农户需要处理好与非烟农户的利益关系；面对烟叶烘烤燃料的使用与烤房加热系统的污染物的排放，人们必须慎选燃料，节能减排。

三、现代烟叶烘烤必须强化工程意识

工程是现代文明、社会经济运行和社会发展的重要组成部分。工程意识、工程思维、工程决策、工程技术、工程管理、工程伦理、工程教育等，已经越来越成为产业界、企业界、学术界日益关注的焦点。

烟叶烘烤是以鲜烟为对象、以可用烟叶产品为目的的一种农产品加工工程。现代烟叶烘烤进入了专业化烘烤历史时期，呈现出集群化、规模化、专业化和服务性的特点，进一步强化了烟叶烘烤工程特征，这就要求人们切实增强烟叶烘烤的工程意识。

（一）讲原理

原理，是指在自然科学和社会科学中具有普遍意义的基本规律。

从 20 世纪八九十年代以来，我国就一直强调“科学烘烤”，在这之前，我国烟叶烘烤都是千家万户小烤房分散烘烤，烘烤要求不高，经验色彩重。科学烘烤，就是针对经验烘烤不讲科学道理、烟叶烘烤质量不高、不能适应形势发展要求而产生的。科学烘烤要求根据烟叶的生物学特性、按照烟叶质量的形成发展的基本规律及烤房工作原理，实施烟叶烘烤技术，实现优质、高效烘烤。实践证明，这对提高我国烟叶的科学烘烤水平起到了很大的推动作用。

现在，我们的烟叶烤房已经实现半机械化作业和半自动化控制水平，烟叶烘烤趋向集群化、规模化和专业化烘烤，应当讲科学、讲原理。在新的时期，如何把握我国烟叶的科学烘烤？换言之，我国现行烟叶烘烤的科学性，还要在哪些方面进一步提高呢？简而言之，现代烟叶烘烤要与时俱进地科学烘烤，其关键是要扩展科学原理的范围，具体说来，烘烤要讲“三理”。

讲“物理”。一是烘烤过程中烟叶内在发生的一系列复杂的生理生化变化、物理化学变化，及其在烟叶外部产生的相应变化的规律性；二是密集烤房及其各种设备的工作原理。

讲“事理”。如今，要想烤好烟叶，仅仅按照烟叶变化原理或烟叶烤房的工作原理是不够的。譬如，如何才能使各家各户都能采好、夹好、装好、烤好烟叶，这就明显超出了烟叶变化的“物质之理”和烤房运行的“物器之理”，因此要讲“事理”。“事理”不仅能指导人们办成烟叶烘烤的各种事情，还能将烟叶烘烤的各种“物理”问题解决好，将来自大田的鲜烟叶的质量潜力转化好，将现代烟叶烘烤设备的性能优势发挥好。

讲“人理”。其一，现行专业化烘烤是由多种专业化组织及人群参与并共同完成的。其中，烟叶大田栽培管理完全由烟农负责实施，很多烟区的烟叶采收和夹持工作也由烟农承担。在一个烤房群或烘烤工场，如果同一天有几座烤房采收烟叶，就有几十人分头从事各种技术工作，要想提高这种群体性专业化分工作业的工作效率和技术质量，必须以人为本，依据“人理”构建和谐、高效的工作机制，从而协调“事理”，落实“物理”。其二，烟叶烘烤事关烟草业的价值链建设。往前看，烘烤事关千家万户烟农的切身利益和烟草业的价值源头；往后看，烟叶烘烤是为卷烟工业提供原料，烘烤又事关烟叶的价值实现以及烟叶用户的利益，如烟叶品质的可用性、烟叶品质安全及非烟物质控制等。可见，讲“人理”对于现代烟叶烘烤十分重要。

（二）重效能

效能涉及效率、效果、效益，它们是衡量效能的依据。

追求效率，首先要最大限度地发挥鲜烟素质潜力。烟叶烘烤属于来料加工，目标很现实，每个炕次都要最大限度地发挥鲜烟素质及其质量潜力。其次要最大限度地发挥密集烤房的性能优势。密集烤房是近十多年来大力推广的一种新型烟叶烘烤设备系统，科技含量较高，性能优势很大，但相对于“娇气”的烟叶，它又是一把双刃剑，如何扬长避短地用好烤房，需要业者继续努力。

追求效果，要注重烤后烟叶的工业效用。其关键是能根据工业客户的要求定向烘烤加工烟叶，充分满足用户需求。

追求效益，重点在于烟草农业的经济效益。首先，烟叶种植者的经济效益十分重要，这如果不能得到保证，烟叶就会成为无本之木。其次，烟叶生产效益可以产量取胜，也可以质量取胜，但若作为专业化烘烤，只能追求烟叶质量效益。这不仅是因为有了较好的烟叶质量，就有实际烟叶产量，更重要的是，不断追求烟叶烘烤质量的提高，才能充分发挥鲜烟叶的质量潜力和现代烟叶烘烤的技术优势，才能同时让广大烟农和工业用户满意。当然，也只有这样，才能从根本上体现科学烟叶生产的“优质、特色、高效、生态、安全”十字方针。

必须注意的是，烟叶烘烤效能不能孤立地看待烘烤这一件事的本身，还要看其对整炕烟叶的烘烤效果乃至整个烟叶烘烤技术体系的影响。

（三）明条件

第一，工程必须建好条件，看好条件。工程条件包括基础条件和运行条件、建设条件和保障条件、自然条件和人工条件等范畴，甚至还包括良好的人际关系条件或氛围。所有技术要素都互为条件，任何一项技术要素甚至非技术要素，都影响着其他相关技术要素的作用的发挥。现代烟叶烘烤也是一样，烟叶烘烤的每一个前道工序，都是在为下一道工序打基础，创造条件，最终都是为“优质、高效”烘烤服务。在烟叶烘烤的工程要素中，哪一个要素缺失了或弱化了，都将影响整个工序乃至整个流程的技术质量。

第二，烟叶烘烤是在有限条件下运作的，既要有较高的目标追求，又不能无视条件限制及其错综复杂的变化，盲目追求过高目标反而导致烘烤风险。生产中，时常出现越过烟叶成熟度、装烟量、风速条件边界而屡遭烘烤损失，甚至越过高产边界、装烟边界，过分追求烟叶产量而丢掉了烟叶烘烤质量和效益的情况。

（四）重细节

烟叶烘烤过程性强，只有过程管理细致、严密，细节到位，才能产生理想的结果。同样，专业化服务也要讲过程、讲细节、讲沟通，只有这样才能获得良好的人际氛围和工作环境。

（五）重管理

大到国家，小到企业，各行各业都离不开管理。没有管理，就像乐团没有指挥，各行其是，乱作一团，别说发展壮大了，就是维持现状也很难。

管理对象不一样，管理的方式方法也不一样。传统烟叶烘烤本来也应讲究管理，但在烟区农村普遍落后的条件下，千家万户自种自烤，烟叶烘烤的管理工作无从谈起。但现代烟叶烘烤是专业化、规模化服务性烘烤，同时也是众多群体的协作性烘烤，技术要求高，工作难度大，管理工作必须放到每年、每轮、每炕烟叶烘烤的议事日程上来，而且越来越需要科学管理。

（六）讲伦理

伦理是指在处理人与人、人与社会相互关系时应遵循的道理和准则。它是指人与人之间符合某种道德标准的一系列观念和行为准则，它包含着对人与人、人与社会和人与自然之间关系处理中的行为规范，它深刻蕴涵着依照一定原则来规范人的行为的深刻道理，亦即做人的道理，它关乎人的情感、意志、人生观和价值观等。有一位企业家叫聂圣哲，他曾提出过“瞬间亲情论”，这种观点认为，在伦理的指导下，把经济冲动与道德追求、物质财富与精神高度结合起来，能够检验人们和整个社会的文明程度。由此及彼，如今烟叶的专业化烘烤也要讲究文明烘烤，至少不能野蛮烘烤。现代烟叶烘烤的终极追求应着重实现“两个满意”：一是种烟农户满意；二是工业客户满意。

烟叶烘烤要强化以下意识。

（1）问题与改善意识

追求合理性，使各生产要素得到有效整合，形成一个有机整体，它包括从操作方法、生产流程直至管理各项业务及各个系统的合理化。工业工程师有一个基本的信念，即做任何工作都会找到更好的方法，改善无止境。为使工作方法更趋合理，就要坚持改善、再改善。这是因为，无论环境的改变、科技的发展，抑或我们自身的不断探讨，对某些问题总会有更好的解决方法。在具体操作上，人们常常通过“5W”（“why”“what”“where”“who”“when”）提问法进行研究和改善。

（2）标准化意识

追求高效和优质统一。尽管现代企业面对变化多端的市场需求，必须经常开发新产品、新工艺、新技术，以多品种、小批量为主要生产方式，但标准化依然是保证高效率和优质生产的基本条件。每一次生产技术改进的成果都以标准确定下来并加以贯彻，是工业工程（Industrial Engineering，简称 IE）的重要方法。在不断改善的同时，更新标准，推动生产向更高水平发展。

（3）全局整体意识

现代工业工程追求的是系统整体优化，必须从全局和整体的需要出发，针对研究对象的具体情况选择适当的 IE 方法，并注重应用的综合性和整体性，最终取得良好的效果。

（4）以人为中心的意识

人是烟叶烘烤活动中最重要的因素，其他要素都要通过人的参与才能发挥作用，因此必须坚持以人为中心来研究烘烤工场的设计建造以及烟叶烘烤的运行管理。

总之，用工程眼光对待现代烟叶烘烤是正确选择，更是明智之举。专业化烘烤必须将烟叶烘烤当作工程来做，做优质工程、智慧工程，做烟农满意、工业满意（“双满意”）工程，而不做“豆腐渣”工程或次品工程。

四、从事现代烟叶烘烤需要学会工业化思维

工业化思维是近年来一个常常出现的热点词汇，并与互联网思维相对照。在发展农业上，常常引入这一思维模式，对农业生产进行工业化运作，打造现代农业发展新模式。

有人分析认为，我国农产品市场竞争力弱有四个主要原因：一是产品质量过低；二是农业生产率过低；三是农业科技含量过低；四是农业生产成本过高。“三低一高”是我国农业工业化要重点解决的四大问题，烟草农业也是如此。

2007 年以来，我国烟草行业就在推行“一基四化”（全面推进烟叶生产基础设施建设、规模化种植、集约化经营、专业化分工、信息化管理），大力推进烟草农业工业化进程。而在烟区农村，烟叶烘烤工程是烟草农业工业化最早的，也是最具特色的领域。随着工业化成果的大量应用，如今的烟叶烘烤虽然已具备明显的工业特征，但更要学会工业化思维。

工业化思维具有六个基本特征。

（1）标准化

工业化需要标准化。一个型号的螺母，放在世界任何一个角落都可以使用；一台机器，放在世界任何一个角落都可以进行标准化组装——标准化是工业化的第一基础。有了标准化这个基础，手工业作坊才能转变为大工业生产。我国烟草农业十分重视标准化建设，但由于各种原因，烟叶烘烤技术的标准化很不乐观。一是技术体系建设尚不完整，如烤房设备管护技术和备烤技术在很多烟区并没有实现标准化，鲜烟素质判定、烟叶烘烤质量评价等也没有真正标准化；二是不少烟区烤烟密集烘烤技术标准为仓促制订，很多技术直接照搬照套，技术标准与本地实际存在较大距离；三是已有的技术标准主要停留在书面文字上，在实施层面并没有认真进行标准化作业；四是标准化管理不够严格，对已有技术标准的生产验证和持续改善不规范、不得力。

（2）规范化

在企业或加工制造业，规范化是技术标准化的延伸、拓展和保证。企业各种要素都要规范化。烟叶烘烤除有科学完整的技术标准，还要有一整套工作规范或相关技术行为规范，才能保证技术标准的科学执行与合理改善。

（3）规模化

规模化是工业化的必要条件，它与标准化、规范化因果相关，互动互利。而且就一般而言，规模较大的成本较低，利润较高，虽然不是规模越大就越好，但至少需要形成一定规模。这一点，早已成为我国烟草农业的一大优势，相对于其他种植门类甚至已成为强项。

（4）可控性

工业化一定强调可控性，不但要过程可控，流程可控，所有技术要素都要可控，而且强调系统内人人都要自觉受控。

（5）可测试性

工业化讲究可测试。一匹战马难以用标准化的方式测试，但一辆车必须经过测试过程。连测试依据都没有，性能怎么保证，安全怎么保证？虽然市场和客户都是烟叶产品的最好的检验者，但谁都不能替代烘烤过程中的必要检验和技术监测。

（6）逻辑性和规则性

工业化讲求逻辑性和规则性，要求有严密的逻辑关系及逻辑思维方式。特别是最初的机械工业，大量的零部件被组合在一起来完成某个特定的工作动作或程序来达到预想的目的，这就要求工业生产设计人员在设计之初就要构建一个符合逻辑和规则的体系。从卷烟工业设计中，我们能看到这种工业化思维方式带来的强大作用，有了强大的内在逻辑关系，工业生产虽然繁杂，但环环相扣，高效有序。

需要指出的是，即使进入了电子化信息社会，工业化思维方式仍在延续，仍很重要。但我国农业生产至今尚未充分汲取工业化生产的思维方式，在某些方面仍很传统、落后。随着现代农业的发展以及人们在认识领域的拓宽和认识能力的提高，人们再也不能单向地、平面化地看待产业发展，要有更多的跨界视野和融合思维。

我国现代烟草农业发展的基本思路：以规模化种植为基础，以机械化作业为标志，以专业化生产为特征，以精细化管理为手段，以基础设施为保障，推进生产组织从单个农户向规模化转变，推进生产方式从分散经营向社会专业化服务转变，推进生产手段从手工劳动向机械化作业转变，推进管理方式从传统手段向精细化管理转变，降低烟农生产投入，降低烟农劳动强度，降低烟农经营风险，增加烟农种烟收入，实现“轻松种烟”。

按照我国烟草农业发展的基本思路，就一定要用工业化思维去推动烟草农业

现代化进程。其中最重要的是，要对烟草农业进行工业化运作，将烟区农田和烟叶烤房群变成生产车间，烟叶种植和烟叶烘烤要追求规模化、标准化，投入上强调科技化、信息化，销售上注重市场化、品牌化，只有这样，才能真正提升烟草农业生产能力和整体效益。在新的历史时期，烤烟专业化烘烤也要尽快转变思想观念，切实改进思维方式，尤其要尽快摒弃过去千家万户各行其是烘烤烟叶的落后生产方式及粗放行为。做到高标准、严要求，把工业化思维真正转化为实实在在的烟叶烘烤行动，使现代烟叶烘烤真正成为优质、高效烘烤。

第二章　烟叶烘烤系统论

欲将新鲜烟叶加工成为具有工业使用价值的原料烟叶，就必须建立一套烟叶烘烤系统。人们通常认为，烟叶烘烤就是把田间成熟的鲜烟叶采后放在烤房中，通过人为控制温度、湿度、通风等工艺条件，使烟叶沿着人们需要的方向转化和干燥，并最终形成卷烟工业所需的原料。表面上看，烟叶烘烤系统要素无非就是烟叶、烤房和烘烤技术，但具体情形相当复杂。本章通过分析密集烤房的系统特性和烟叶烘烤对象的系统特征及其形成机制，阐明烟叶烘烤的系统特点及其技术优化的系统要求，提高烟民烟叶烘烤系统认知与业者技术水平。

第一节　系统的概念和基本特性

一、系统的概念

系统是由相互联系、相互作用、相互依存、相互制约的若干要素（部分），按一定关系、秩序和形式联结构成的具有某种功能的有机整体。系统有大有小，繁简各异，有自然系统、人工系统，也有复合系统。系统的成立必须具备三个条件：①至少有两个或两个以上要素（部分）；②不同要素（部分）相互联系、相互作用，且通过一定方式成为整体；③各要素（部分）必须以整体的形式完成特定的功能，系统具有的整体功能是各个要素（部分）独立时所没有的。

二、系统的基本特性

（一）整体性

系统拥有整体性。系统是由要素构成的，是多要素集合成的整体，但并不是各个要素（部分）的简单相加。系统的整体功能是各要素（部分）在孤立状态时所没有的，如同两个轮子加上一个三脚架，必须按照合理的方式整合起来，才能成为一辆自行车（系统）。

根据系统的整体性，一个系统即使各个要素表面上看起来都较好，但整体性能却不一定好。这是因为，系统是多要素（部分）的集合，不能集合就无法成为系统；如果集合得不够完整或不够严密，也难以成为一个优良的系统，犹如“三个和尚没水吃”。这对创建人工系统很有启发。

整体性是系统最基本的特性，也是观察和分析系统最基本的思想和方法。实践中，不能离开整体及整体形成的集合机制，去单独分析或孤立地考量系统中的任一部分及任一部分出现的问题现象。同时，考量一个系统好不好，一定要看它整体功能好不好、稳不稳。

（二）相关性

系统拥有相关性。这种相关性是指组成系统的各个要素之间、部分之间或整体与部分之间是相互联系、相互作用、相互制约、相互依存的。正是这种特定关系，体现出系统的整体性。好比一辆自行车如果链条断了，后轮就无法跟随链条转动（部分影响部分），后轮无法跟随链条转动，自行车就不能前行（部分影响整体）。

用系统的相关性来解决问题，常常用到“木桶理论”：在其他条件正常时，最短的那块木板限定了木桶装水的高度，即系统中的某个劣势决定了整体优势。如果在一个机械系统中，某个部件发生变化或出现故障，就势必影响其他部分或整机功能的正常发挥。按照系统的相关性原理，细节往往决定成败。

系统的相关性还意味着系统具有边界，不是任何一种资源（哪怕弱相关资源）都能成为某个系统的要素。这一特点也较重要。实践中，一定要区分系统的边界（包括边界条件）。超出边界的另当别论，但边界内的各种因素都要纳入视野。

（三）层次性

系统拥有层次性。按一定标准，可将较大型系统或复杂系统划分为若干子系统。子系统是相对于较大系统而言的，它是较大系统中相对独立、具有一定功能的组成部分。一个复杂的系统总是由许多子系统组成的，而子系统又可能分成更小的子系统，这就显出了系统的层次性。系统的层次性意味着系统的结构与功能，是指相应层次上的系统结构与功能，而不是代表高层次或低层次系统的结构与功能。这对人工系统分析和指导工程实践具有重要意义。

从系统的层次性可以看出系统的复杂性。一般而言，层次越多，系统越复杂。

（四）目的性和功能性

系统拥有目的性和功能性。目的不同，功能不同，是区别不同系统的最重要标志。但这里的“目的”必须是系统的整体目的，而不是系统要素的局部目的。系统的目的往往有若干目标。所以在人工系统运行中，任何时候都要关注目标。当系统同时存在多个目标时，要从整体上进行协调和平衡。

（五）动态性

系统都拥有动态性，处于运动、发展变化之中。

系统的活动是动态的。系统有序进行物质、能量及信息的输入与输出，构成了系统活动的动态循环。

系统的生命也是动态的。它有生命周期。在分析认识系统时，要掌握系统的发展规律，不仅要看到它的现在，还要预测其未来，因势利导，与时俱进。

（六）环境适应性

系统拥有环境适应性。一个系统与其所处的环境之间通常都有物质、能量和信息的交换，外界环境及其变化，都会引起系统特性的改变，并相应引发系统功能和系统内部各部分相互关系的变化。因此，系统的活动必须要适应环境及其变化。

系统的环境适应性首先意味着系统只能在一定的环境条件下，才能保持原有特性，发挥正常功能。比如，家用电冰箱不能紧贴墙壁放置；要想让汽车在冰天雪地顺利行走，就必须对轮胎采取防滑措施。

系统的环境适应性还意味着，系统具有随着外部环境变化进行自我调节的适应能力。有了这种能力，系统才能保持原有特性，系统才有活力并保持相对稳定。试想，除非特殊情况，2010 年以前推广的密集烤房，如今还有多少在烤烟生产中继续使用？同样，面向未来，现行烟叶烘烤工程技术体系，是否要适应现代烟草农业发展趋势而及早进行适应性改造？

需要强调的是，烟叶烘烤系统属于人工系统。烟叶烘烤往往涉及自然环境、人工环境、生态环境、人文环境乃至烟草行业及烟区社会经济发展环境等。烟叶烘烤系统的运行，需要各种环境支持，也会受到各种不利的环境影响。因此，环境适应性也是烟叶烘烤系统的一个重要特性。

第二节　密集烤房的结构功能和系统特点

现代烟叶烘烤设备包括密集烤房及采烟、夹烟、发电、回潮、运输等，其中密集烤房是烟叶烘烤的核心设备。

一、密集烤房的基本结构

密集烤房多为卧式。在我国，卧式烤房有多种制式。根据装烟室内气流运动方向的不同，可分气流上升式密集烤房和气流下降式密集烤房；从能源使用和供

热方式看，有固体燃料烤房、液体燃料烤房、气体燃料烤房、电烤房及空气能热泵烤房等；从装烟方式看，有编夹烟烤房和散叶烤房。不同制式的密集烤房在具体结构上或多或少有一定差异，但在整体功能上都是通过改变装烟室内空气温度、湿度及空气流动状态，使成熟鲜烟叶变黄、失水，将其烤黄、烤熟、烤香、烤干。我国目前多用固体燃料密集烤房，卧式形制，整个房体由装烟室与加热室两个部分组成（见图 2–1）。

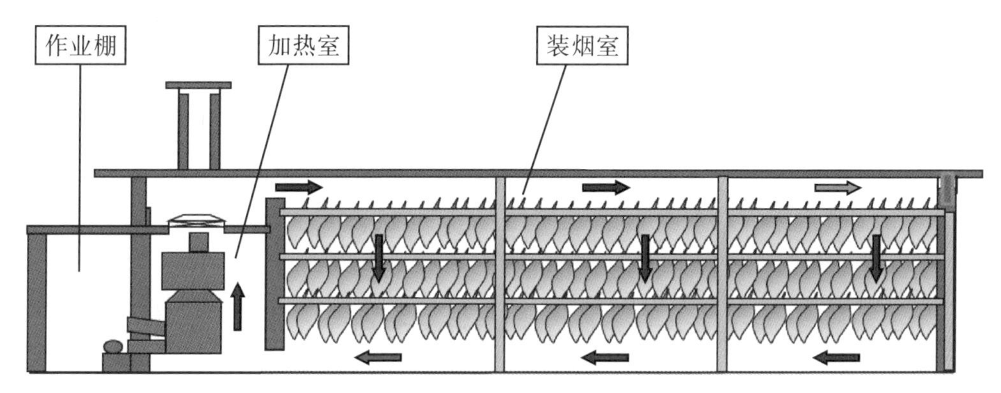

图 2-1　密集烤房基本结构示意图

（一）密集烤房的装烟室

装烟室是个长方形空间，标准尺寸为 8000mm×2700mm×3500mm。内设装烟架（见图 2–2）。位于炕门一面（面向读者）的墙体叫作后墙（端墙），与后墙相对、与加热室相隔的另一面墙体叫作隔热墙，也叫前墙。在隔热墙的顶部和底部分别开有热风进风口和热风回风口与加热室连通。在气流上升式烤房中，热风进风口位于隔热墙的底部，热风回风口则位于顶部。

图 2-2　密集烤房装烟室结构一览

装烟室是密集烤房的装烟空间，也是烟叶被直接烤制的场所及烟叶烘烤管理要地。装烟室必须有完整结构和装备，如围护结构、装烟架、门、观察窗等。

装烟室的围护结构首先是地坪（基）、墙体和炕顶，其次是后墙上安装的炕门及前后墙上的观察窗等。装烟室的稳固程度、承重能力、空间严密性和房体保温性，主要取决于烤房地坪（基）、墙体和炕顶。当然，空间严密性和房体保温性的好坏，还与炕门及观察窗有着很大关系。

装烟室内置有一套装烟架。装烟架在水平方向上起自端墙，直达隔热墙，立于中梁，稳于边梁；在垂直方向上通常设置三层（棚），即一般装挂三层（棚）烟叶进行烘烤。在烟叶烘烤之前，采后烟叶借助一定的夹持方式装进烤房装烟室内不同区域，有序装烟以后，才能真正进行烘烤。

门不仅是装卸烟的进出口，也是人们进入炕内进行烘烤作业管理的通道。观察窗则是烟叶烘烤工艺管理的外视窗口。为掌握装烟室内烟叶变化，通常在炕门和隔热墙上各装一个长方形观察窗，竖向安装，以便观察不同层（棚）次的烟叶变化，准确控制烟叶烘烤加工进程（见图 2-3）。

a. 炕门上的观察窗（外门关闭）

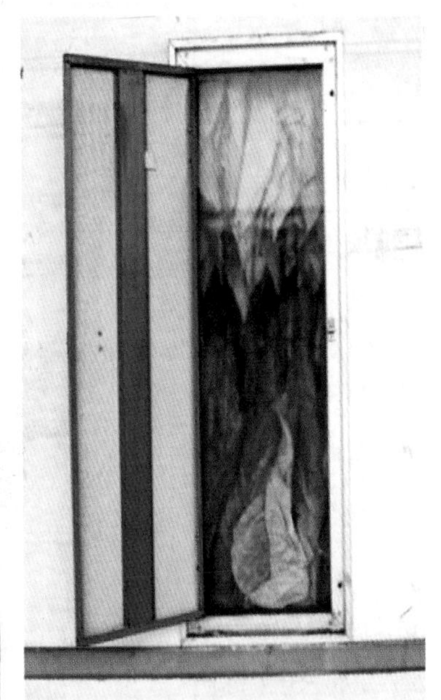

b. 炕门上的观察窗（外门打开）

c. 隔热墙上的观察窗（外门关闭）

图 2-3　密集烤房的观察窗设置

门上的观察窗通常设置在左门中间位置，规格为 800mm × 300mm。隔热墙上的观察窗通常设置在左侧，规格为 1800mm × 300mm。观察窗采用中空保温玻璃或内层玻璃、外层保温板结构，既便于清晰观察炕内烟叶变化，又有良好的保温、保湿、避光效果，不影响窗口烟叶的正常烘烤。

（二）密集烤房的加热室

加热室是产生热空气的场所（见图 2–4），它也叫热风发生室，是装烟室烘烤烟叶的热量来源。

加热室内，与隔热墙平行的那一面墙体叫作前墙。

加热室内部长 1400mm，宽 1400mm，高 3500mm，明显小于装烟室。

加热室要发生热风，首先依靠一个自成体系、相对独立的加热系统。从加热室内空间次序看，由下而上分别为加热炉、热交换器和烟囱。其中，由加热炉产生热量，由烟囱排走烟气，由热交换器将炉内热量传给加热室的空气。

图 2–4　密集烤房（气流上升式）加热室外观

加热室的空气被加热后，由循环风机压送到装烟室。气流下降式烤房与气流上升式烤房的循环风机的安装方向是相反的。在气流下降式烤房中，热空气是在循环风机的推送下，经由上通风口进入装烟室，然后在装烟室内由上而下，再经由下通风口（回风口）与加热室之间循环往复。在气流上升式烤房中，热空气是在循环风机的推送下，经由下通风口进入装烟室，然后在装烟室内由下而上，再经由上通风口（回风口）与加热室之间循环往复。但不管是哪种气流运动方向的烤房，在正常加热条件下，均可在气流循环往复过程中，通过自动控制和人为操纵，改变装烟室内的空气流量、温度和相对湿度，从而进行烟叶脱水、干燥和品质调制。

加热室的围护结构包含墙体、房顶、室内地坪和加热室检修门等。

加热室安装有如下外设装置：下有冷风进风口（门）以及加热炉的炉门、加煤口、灰坑口、助燃风口、助燃鼓风机等；中有加热室检修门及循环风机冷却口；上有烟囱出口。烟囱管道中下段还设有清灰口。此外，在加热室的侧墙外壁或装烟室的前墙外侧安装有温湿度控制主机即自控器（在图 2–4 中，可见于左起第一座与第二座烤房之间装烟室的前墙外壁）。

加热室的以上外设装置，均与烤房内部密切联系。它们或是密集烤房运行的操纵部位，或是密集烤房操作管理的关键通道。

二、密集烤房的系统组成与功能机理

上面介绍了密集烤房的装烟室、加热室及其分设装置，而正是这两个部分的围护结构及其内外设备的配置与组装，构成了一个完整的密集烤房系统。

密集烤房系统是由围护系统、装烟系统、加热系统、通风排湿系统、烟叶变化检视系统和温湿度控制系统六个子系统构成的。

（一）密集烤房的六大系统

1. 围护系统

密集烤房的围护系统包括炕墙、炕顶、地坪及烤房的基础。除了围护作用，还有支撑承重功能和保温保湿作用。

2. 装烟系统

密集烤房的装烟系统主要包括固定式装烟架及活动式烟夹、烟竿或烟箱等。装烟架固定在炕内，通常分左、右两路，上、中、下三层（棚），以便烟夹、烟竿或烟箱等烟叶夹持器具夹持烟叶以后，能够稳稳当当、有规则地均匀分布在装烟室的不同区域。

3. 加热系统

密集烤房的加热系统主要是为装烟室源源不断地提供必需热量。在使用固体燃料的烤房中，加热系统主要包括加热炉、热交换器、烟囱、助燃风机等。

4. 通风排湿系统

密集烤房的通风排湿系统包括装烟室、加热室及冷风进风口、热风进风口、热风回风口、排湿管道及排湿口，还有十分重要的循环风机。通过通风排湿系统，可将装烟室内烟叶汽化水有控制地排到烤房外。有了必需的热量提供和良好的通风系统，装烟室内的烟叶就能适时变黄、失水，顺利烤黄、烤干、烤熟、烤香。

5. 烟叶变化检视系统

密集烤房的烟叶变化检视系统主要包括前后墙上设置的观察窗，并有炕门作为进出烤房的通道。这一系统虽然简单，但十分重要。有了它，就能随时查看并准确掌握烟叶变化进度及变黄、失水协调程度，从而掌握烘烤进程，及时做好烘烤过程调控决策。

6. 温湿度控制系统

密集烤房的温湿度控制系统包括温湿度传感器、控制主机及冷风进风门、循环风机、助燃风机等执行器（见图 2-5）。

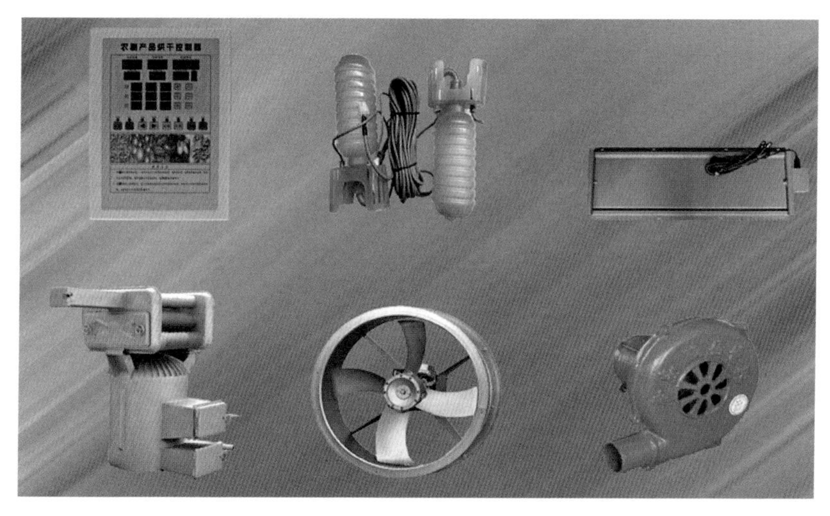

图 2-5　密集烤房温湿度控制系统主机（左上角是控制器）及执行器

温湿度控制系统通过实时采集装烟室内干球和湿球温度传感器的信息值，控制助燃风机、循环风机、进风门或排湿装置等执行器，完成烟叶烘烤的自动 / 手动控制。其中，温湿度传感器位于装烟室的特定区域和特定位置，可精准测定烟叶烘烤过程中的空气温度和相对湿度。

除上述六个子系统，密集烤房还要有动力，才能正常运行。在分散烘烤条件下运行成本过高，但在实行集群化烘烤以后，整个烤房群或烘烤工场集中配有公用动力系统，有的集群甚至集中供热，可进一步降低成本。

（二）密集烤房的运行机理

密集烤房系统是各子系统按一定的空间秩序和内部联系组合而成的一个功能性整体。

1. 烟叶烘烤机理

将成熟鲜烟装进烤房并准确测定温湿度→加热室的空气被加热→加热室热空气在循环风机推送下进入装烟室→热空气促使烟叶变化，并有控制地排到炕外→在烤房排湿的同时，大量空气回到加热室进入新一轮热气流循环。

上述过程周而复始，热量被源源不断地传送到装烟室各区域，促使烟叶变黄、失水，进而烤黄、烤干、烤熟、烤香。

2. 温湿度自动控制机理

（1）烤房空气温度的针对性控制与调节

控制器通过加热助燃鼓风机的供风量来调控火炉的燃烧强度，调控供热量的大小和热风温度的高低，进而调控装烟室的温度使之符合烟叶变化的需要。当装烟室温度低于控制器设定的目标温度时，开动助燃鼓风机鼓风供氧，促进燃料燃烧；当装烟室温度达到或高于控制器设定的目标温度时，则关停助燃鼓风机。

（2）烤房空气湿度的针对性控制与调节

控制器通过调控烤房冷风门的开度来调控风量、排湿强度与装烟室内的空气相对湿度，使后者符合烟叶变化需要。当装烟室内的空气相对湿度在控制器所设置的目标湿度之下时，烤房冷风进风门和排湿窗关闭（关小），热空气在加热室和装烟室之间加大内循环；当装烟室内的空气相对湿度高于控制器所设置的目标湿度时，控制器会给冷风进风门处的减速电动机发出指令，冷风进风门开大，排湿口处的自由悬挂式铝合金百叶窗（有些烤房的排湿口设在内循环时的压力平衡处，由排湿道引至适当位置，则不安装百叶窗而直接裸露）就会因为烤房里面的空气压力升高而自动打开，排出湿热空气，使装烟室的空气相对湿度降低到适宜。

（3）烤房空气温度与湿度的耦合控制和动态调节与适应

在烟叶烘烤过程中，烤房装烟室内的空气温度与湿度的调节，是相互影响、相互制约的。但自控系统的温度和湿度控制是个自动耦合过程，通过自动满足自控仪（主机）上设置的干球温度和湿球温度目标值，动态适应烟叶变化的需要，以确保烟叶及时烤黄、烤干、烤熟、烤香。

由此可见，有了温湿度控制系统，就能精准监测、显示并调控烟叶烘烤的温湿度，大大提高烟叶烘烤工艺水平。

三、密集烤房的系统特点及工程意义

密集烤房属于现代烟叶烘烤设备。与以往的自然通风普通烤房相比，密集烤房装烟密集，有效容量大，强制通风，热风循环，机械化或半机械化作业，自动化或半自动化控制，烘烤性能大大增强。密集烤房具有一般系统的基本特征，并有以下特点。

（一）密集烤房是人造物理系统

为了烤好烟叶，人们研发出了密集烤房。

密集烤房是一种人造的、适于烟叶烘烤加工的机械化或半机械化设备系统。发达国家密集烤房机械化程度很高，我国密集烤房目前大都处于半机械化状态，由于种种原因，其工业化程度较低的土木结构部分（如房体、炕门、观察窗等）往往建造质量较差，以致不少烤房“带病”上岗。此外，随着使用时间的延长，烤房结构老化，烘烤性能变差。

由此可见，先天不足加上材料老化，问题烤房将越来越多。因此，除了要注重密集烤房的性能优化，还要经常性地进行密集烤房的性能维护。

（二）密集烤房是具有特定空间的空气调节系统

烤房之所以能烘烤烟叶，不仅因为它具有容纳烟叶的空间场所，关键是能动态调整炕内空气状态——温度、湿度、流动方向及流动速度，让烟叶在脱水干燥的同时，发生一系列有利于烟草工业品质的变化。而烤房的房体（主要指装烟室）是一个长方形的空间，炕内空间不同区域的空气温度、湿度和流动速度往往呈现规律性变化。

王能如等（2010—2014）在广西百色、河池两地采用“DLK- Ⅲ型（数码式）烟叶烤房温度显示器”在烤房内上中下、前中后多点测温，研究了 20 余座气流下降式密集烤房空气温度分布状态，结果表明：①气流下降式烤房在使用单挡双风机时，始终使用一种风力，高温区先是位于顶棚后段，而后向顶棚中段移动，并最终稳定在顶棚前段。而低温区开始在底棚前段，后来主要出现在底棚的中、后段。②气流下降式烤房改用现行的高低挡单风机后，变黄期基本使用低风速，定色期基本使用高风速，干筋期一直用低风速，烘烤过程中高温区通常位于顶棚后段，而低温区通常出现在底棚前段，只有个别烤房由于建筑原因出现过例外。

以上说明，烟叶烘烤必须准确把握、科学运用密集烤房温湿度分布的规律性，规范炕内烟叶空间定位，充分用好密集烤房空间资源，才能烤好烟叶。

（三）密集烤房是现代烟叶烘烤工程技术复合系统的子系统

首先，烟区每个烤房群或烟叶烘烤工场，都是一个烟叶烘烤集群或工程系统。在这个系统中，密集烤房是主导设备，其他部分如作业场地、工棚、房间、动力、道路、沟渠等，基本都是配套设施。其中，每一个密集烤房都是整个系统的一个工作单元。在烤房集群中，各烤房相对独立但又相互联系、相互影响，共同支撑并制约着所在烘烤集群的烟叶烘烤运行及年度烘烤绩效。

其次，在一炕烟叶的烘烤流程中，作业人员（man）、机械器具（machine）、烟叶物料（material）、作业方法（method）、内外环境（environment）是备烤、采收、夹装、烘烤、回潮出炕等各个工段的五大技术要素（常缩写为“4M1E”）。随着工业化的发展，烟叶烘烤“作业方法”日渐重视测量（measurement）和信息（information），“人机料法环”（“4MIE”）往往要延展为“人机料法测环”（“5M1E”）或“人机料法测环息”（“5MEI”），但其根本还是“4M1E”。为了叙述方便，我们基于五要素，将以上三种情形统称为“4M1E+”。但在这里，不管讲几个要素，都只说明密集烤房是烟叶烘烤各个工段技术系统的子系统。

我们得出如下结论：

一个烤房集群的专业化烘烤，要想获得年度烟叶烘烤最佳绩效，就必须烤好每一炕烟叶；要烤好每一炕烟叶，就必须提高并稳定保证每个工段的技术质量；要做好烟叶烘烤的每个工段，就必须精心精细地备好烤房，精准精良地用好烤房，时时刻刻控制好烤房。总之，要立足于系统控制，抓好现代烟叶烘烤的过程控制及要素控制。

根据系统的整体性和相关性，一座烤房的各个部分都好，整体功能才可能好。如有哪一个部分、哪一个细节不合格，烤房的整体性能就会弱化。古人云，“工欲善其事，必先利其器”。因此，每年开烤之前，各专业化烘烤点必须根据本集群烤房数量和质量状况，有计划地提前做好烤房设备及烘烤设施的“大备烤”，而且以后每烤一炕烟叶，都要提前进行烤房维护（烤房设备的“小备烤”），通过大、小备烤及在线维护，确保烤房“健康”上岗、正常运行。

图 2-6 是现代烟叶烘烤工程技术系统的三维关系示意图。从中可以看出，密集烤房作为一个相对独立的完整系统，在现代烟叶烘烤工程技术系统运行中所处的位置及其前后、左右、上下关系。还要指出的是，图 2-6 不仅针对密集烤房，

也同时针对烟叶烘烤流程的各个工段、各种要素及烟区烟叶烘烤技术标准化管理的每个步骤——烟叶烘烤技术标准的修（制）订、执行、检验、改善及其螺旋式循环提升机制。

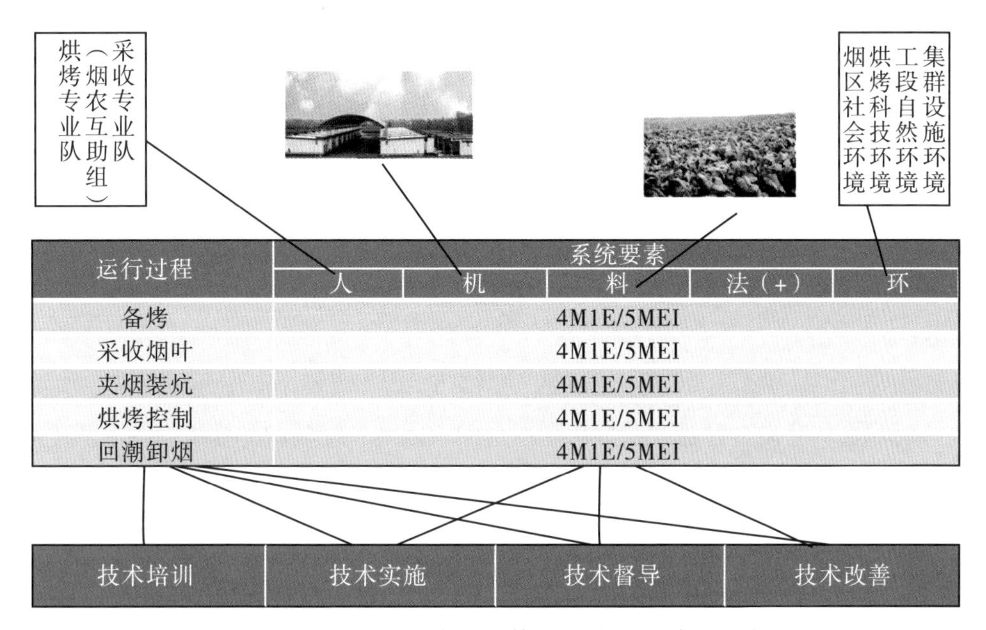

图 2-6　现代烟叶烘烤工程技术系统三维关系示意图

第三节　烟叶的系统特征和烟叶烘烤对象的系统建构

一、田间烟叶：烟叶烘烤对象的自然状态

烤烟是人工培植的经济作物，烟叶是其收获目的物。烟叶天生具有自然系统属性，在田间生长发育状态下，是一个错综复杂的生物学系统及物理、化学系统。

（一）鲜烟叶的外观形态

鲜烟叶是由叶脉和叶肉组成的扁平状绿色植物器官，有正、背面之分。出于需要，人们将烟叶分为叶尖部、叶中部和叶基部，将烟叶的周边称为叶缘，将叶基部两侧的翼延部分称为叶耳，将主脉基部称为叶柄（见图 2–7）。

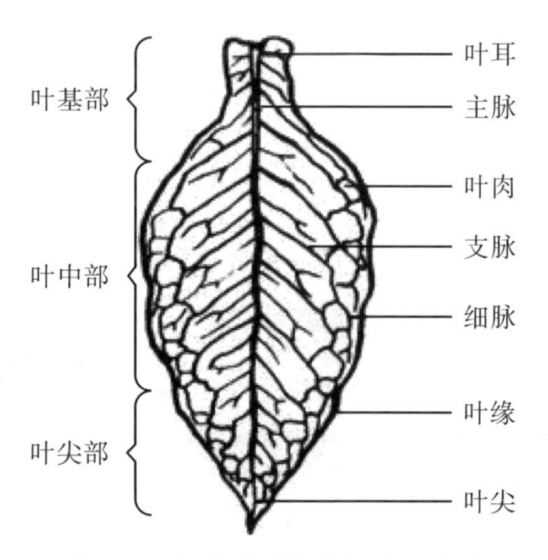

图 2-7 烟叶平面结构组成示意图

烟叶是从叶尖、叶缘开始分化和发育的，因此，叶尖和叶缘组织的生理年龄相对较老，叶基部特别是基部两侧局部区域组织的生理年龄最为年轻。在生理年龄和温、光、水等生态因子综合影响下，烟叶分段性状如厚度、成熟度等均有明显差异。

叶脉是由主脉、支脉和细脉构成的网络系统，也是烟叶水分、养分和同化产物的运输通道。

烟叶主脉（干燥后称主筋）粗大，可占全叶鲜重的 40%，调制后的主筋率往往占比在 20%~30%。主脉上的一级分支是支脉，亦叫侧脉，一般有 9~12 对。支脉上的分支称为细脉。所有非叶脉部分叫叶肉。

烟叶烘烤时常涉及烟叶主脉以外的部分，人们笼统称之为叶片。这样，一张扁平的烟叶，就被人为分为主脉和叶片两个部分。不过，到了烟叶烘烤的定色前期，烟叶主脉变软以后，人们又习惯地将烟叶主脉称为“烟筋”。

生长期的烟叶富含叶绿素，外观呈绿色。烤烟叶色深浅与烟草品种及氮素营养水平密切相关。处于衰老期及烘烤中的烟叶，叶绿素分解较快，绿色逐渐消失，黄色逐渐显现。田间烟叶开始显现黄色及黄色面积的扩展（俗称“落黄”），表征着烟叶衰老及成熟程度（鲜烟成熟度）。烘烤过程中的烟叶变黄程度，则反映烟叶的烘烤后熟程度（烘烤后熟度）。

（二）鲜烟叶的解剖结构

从横切面上看，烤烟叶片由上表皮、栅栏组织、海绵组织和下表皮构成，中间含有叶脉组织（见图 2–8）。

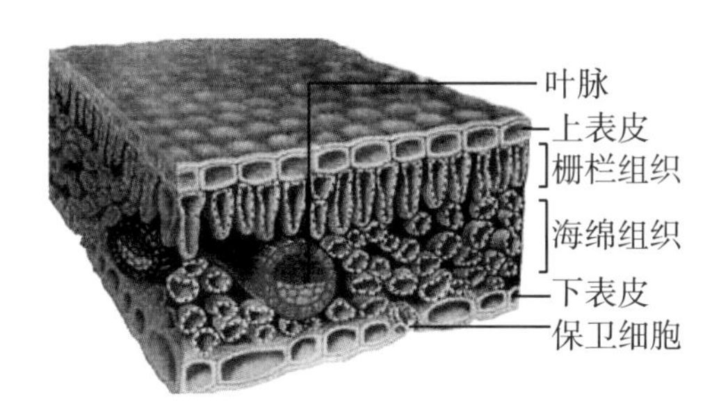

图 2-8 烟叶切片剖面结构示意图

1. 表皮

烟叶表皮由单层细胞紧密嵌合而成，细胞内不含叶绿体，外壁有一层起保护作用的角质层，但不同品种、不同栽培条件以及不同叶龄的烟叶，角质层厚度差别明显。通常，上部烟叶角质层厚于下部烟叶，营养充足、光照良好的烟叶表皮要厚于遮阴、脱肥烟叶，成熟烟叶的表皮要厚于未熟烟叶及过熟烟叶。

叶片正面的表皮叫作上表皮，背面的表皮叫作下表皮。上表皮角质层较厚，下表皮角质层较薄。角质层与烟叶失水速度相关联，角质层越厚，烟叶越难脱水。

烟叶表皮密布气孔，起调节水分和气体交换作用。气孔能随环境变化相应开闭。气孔下方有一内隔腔室，使气孔具有很大的内表面。叶内水分先在气孔下腔变为水蒸气，然后才从气孔排出体外，烟叶与环境的气体交换也在气孔下腔进行，所以气孔下腔极利于水分蒸发和气体交换。

烟叶上表皮气孔较小，分布较稀（每平方毫米 200 个左右），下表皮气孔较大，数量较多（每平方毫米可达 300 个左右），所以，下表皮的通透性和松弛度大于上表皮。

烟叶表面密布叶毛（见图 2–9）。叶毛有保护毛、腺毛和排水毛，多为腺毛。腺毛具有分泌功能，主要分泌香精油、树脂和蜡质类物质（生产上将这些混合物称为“烟油”）。腺毛分泌物多数是烟草香味物质的重要前体，有的还对昆虫产生趋避、拒食或毒害作用，使烟草能够自我“防卫”。

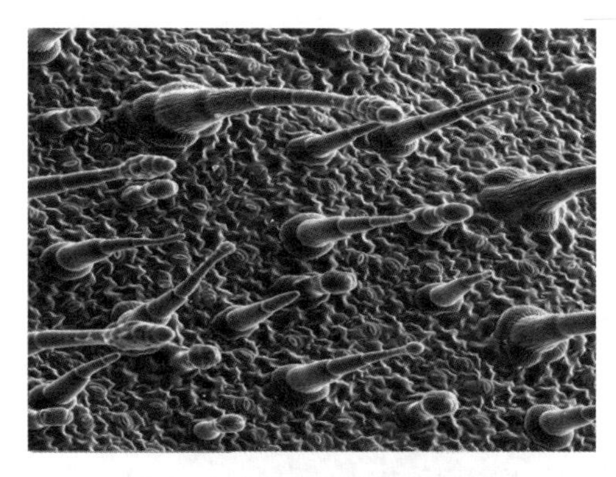

图 2-9　叶表茸毛电镜照片

2. 叶肉

上、下表皮之间是叶肉组织。叶肉组织分为栅栏组织和海绵组织两层。

贴近上表皮的是栅栏组织，由长柱形薄壁细胞组成。这些薄壁细胞垂直于上表皮作平行状排列，大多只有一层，形状规则，细胞间隙小。栅栏组织是烟叶体内富含叶绿体部分，是光合作用的重要场所。

位于栅栏组织和下表皮之间的是海绵组织。海绵组织由不规则的薄壁细胞作不规则排列所组成，间隙率大，一般有 4~5 层细胞。海绵组织的这种结构对烟叶产量、质量具有明显影响。有研究表明（王宝华，1984），海绵组织厚度与烟叶单叶重、总氮含量及石油醚提取物的多寡呈显著的正相关，与烟叶的烟碱和烟气总粒相物含量则表现为极显著正相关。海绵组织中的叶绿体数量不及栅栏组织丰富，故烟叶背面颜色浅于正面。

海绵组织内部含有维管束，即叶脉组织。较粗的维管束可明显分辨韧皮部和木质部，维管束愈细则结构愈趋简单。维管束是水分、养分和同化产物的主要运输通道，对调制过程中的水分代谢具有一定影响。

（三）鲜烟叶的物质组成

鲜烟叶中 80%~90% 都是水分，干物质含量并不多，但化学成分种类繁多，目前已知的就有数千种。烟叶水分和化学成分是烟叶调制的主攻对象。

1. 鲜烟叶的水分

（1）水分形态

鲜烟叶是一个复杂的生物胶体体系，体内水分可分束缚水和自由水两类。

束缚水是指那些靠近亲水性胶体的胶核、被胶核紧紧吸附而不易自由活动的水。因受分子力场的作用，需要相当高能量才能使它解脱出来。因此，需要更高温度或（和）更低湿度及更长时间，才能排除烟叶中的束缚水。

自由水又称游离水，是水在生物胶体体系中的主要形式，无论在数量上还是生理作用上都居主导地位。主要存在于细胞原生质内和细胞间隙内，距离胶核较远，因吸附不紧而能自由流动。自由水在活烟叶内部的移动，主要是借助于渗透压以液体的形式进行扩散。烟叶烘烤前期所脱除的水分主要是自由水。这一阶段耗能较少，烟叶容易失水凋萎。

活烟叶中的自由水含量，对细胞原生质的物理性质和酶的活性具有极大影响，随时影响和制约着烟叶的生理生化活动。自由水含量较多时，细胞原生质浓度较小，生物胶体体系黏度较小，能保持溶胶状态，有利于代谢活动的进行。此时，烟叶细胞的代谢活动比较旺盛。如果自由水含量较少，细胞原生质浓度较大，烟叶细胞的代谢活动将减弱。当原生质的总水分减少到一定量时，原生质将由溶胶状态变为凝胶状态，烟叶细胞的生命活动将大大减弱；如果进一步失水，就会破坏生物胶体体系，导致生命活动的终止。

田间烟叶一进入烤房，就要重视烟叶水分（实质上主要针对自由水）管理。既要利用烟叶水分让烟叶发生有利于品质的一系列变化，又要及时适度脱水，防止过多水分对烟叶品质调制产生不利影响。

烟叶是个鲜活的生物体，除有内含水分，往往还有外表附着水。烟叶外表附着水的多少往往取决于环境条件，干旱或正常天气条件下，烟叶含水率较低或适中（75%~85%），且很少看到附着水；在多雨条件下，烟叶附着水大量增多，且叶内自由水含量大大增加，有时烟叶含水率可达 90% 以上。可见，随着天气不同，烟叶水分状态往往存在很大差异，烟叶烘烤难度也就不同。为此，一要灵活掌握田间烟叶的采收时机，二要对含水率不同的烟叶，施以不同的烘烤策略。

（2）脱水途径

烟叶脱水是通过气孔扩散和叶表面蒸发完成的。

气孔扩散：气孔是指在烟叶表皮上由离生细胞的间隙形成的小孔。烟叶表面分布着大量的气孔。烟叶在田间生长状态时，由于表面的角质层具有保护作用，可防止水分大量散失，因而，其水分散失以气孔蒸腾为主，可占 90% 以上，叶面蒸发往往只占 10% 以下。

叶面蒸发：叶面蒸发是指水分从气孔以外的叶表面部分直接蒸发散失。实测结果表明，烟叶烘烤过程中水分散失是以叶面蒸发为主。原因如下：①在烘烤过程中，气孔因叶片失水凋萎而逐渐关闭。②叶表的角质层在烟叶衰老后逐渐变薄，在烘烤过程中逐渐解体，失去阻碍水分蒸发的作用。③叶内自由水转移的路线，最初以液体形态借助渗透压，通过细胞壁从栅栏组织细胞和海绵组织细胞转移到表皮细胞，然后通过表皮细胞蒸发扩散。由于栅栏组织和海绵组织结构与内含物质的差异，以及正面和背面表皮结构的差异，导致叶正面细胞间的渗透压差大于叶背面，夺取的水分较多，因此叶正面水分蒸发速度比叶背面要快。

（3）脱水过程

脱水过程包括水分汽化、水分排出、通风排湿。

水分汽化：烟叶中的水分必须由液态转为气态才能脱除。烟叶的叶肉细胞间隙具有很大的内表面积，为叶片表面积的20倍左右。由于烟叶细胞内的水分存在一定的内压力，一部分水分便通过内表面汽化进入细胞间隙，另一部分水分直接从表皮细胞汽化。在热量、风力等因素的作用下，附着水首先汽化，然后是自由水汽化，最后是束缚水汽化。这就需要不断供热或通风，或两者兼而有之。

水分排出：当烟叶内的水汽分压力大于环境空气中的水汽分压力时，叶内的水汽就排出体外。当界面层的细胞因水分排出而降低水汽分压力时，相邻高水汽分压力的细胞就会予以补充。同理，这些细胞又会从另外相邻的细胞那里得到水分的补充。这就使得烟叶内的水分不断地排出体外。

通风排湿：以上过程能否持续进行，还取决于环境空气状态。如果环境处于密封状态，当烟叶的水分汽化达到一定的时候，空气饱和，阻碍叶内水分继续汽化。因此，只有通过通风排湿，排除过量水蒸气，才能使烟叶继续脱水，直至干燥。

通风排湿是烟叶水分继续汽化和脱水干燥的重要条件，是一项十分重要的烘烤任务。排湿必须及时且恰当，要合理控制通风速度和进气量、排气量，要保证烟叶水分的汽化量、环境水汽的排出量达到相对平衡。这个动态平衡的建立和保持是烤好烟叶的关键。因为如果排湿多，烟叶水分汽化速度加快，烟叶含水量降低过快，则会导致烟叶变黄困难或青干；如果汽化速度快而排湿少或不排湿时，湿球温度和相对湿度就会升高，烤后烟叶颜色发暗、挂灰乃至蒸片；如果汽化和排湿都很慢，烟叶饥饿代谢时间过长，消耗过多，难以定色，烤后烟叶杂色重或为糟片。这些情况都会降低烟叶质量，甚至使烟叶失去使用价值。因此，环境空气相对湿度保持动态适宜是十分重要的。

（4）影响烟叶脱水干燥的环境因素

影响烟叶脱水干燥的环境因素包括环境空气温度、环境空气相对湿度、通风速度和风量。

环境空气温度：环境空气温度对烟叶脱水速度的影响很大。温度高时，工作介质向烟叶传递的热量多，有利于烟叶水分蒸发，同时空气饱和含湿量增大，通常每升高 15℃增大 1 倍左右。例如，空气温度为 30℃时，饱和含湿量为 30.35g/kg，45℃时达到 65.60g/kg，60℃时达到 130.50g/kg。可见，空气随着温度的升高，干燥能力快速增强，烟叶脱水加快。但在烘烤前期，烟叶没有充分变黄之前，采用过高温度是不适宜的。

环境空气相对湿度：在温度相同的情况下，空气的相对湿度越低，则相对饱和含水量的水分亏缺量越大，烟叶水分与环境水分的湿度梯度越大，烟叶水分蒸发速度越快；空气相对湿度越高时，其饱和度越大，烟叶水分蒸发就越困难，甚至不能脱水。通常在烘烤前期，需要较高的相对湿度，使烟叶保持较多的水分，以便烟叶发生复杂的生理生化变化；烘烤中后期，应逐渐降低相对湿度，以加快烟叶干燥、及时定色。

通风速度和风量：当烘烤过程进行到烟叶变化达到一定要求的时候，必须进行适当的通风排湿。通风使空气对流，从而带走烟叶表面水汽饱和层的水分，同时连续不断地给烟叶提供热量，使烟叶水继续汽化。流经烟叶的空气速度越快、流量越大，湿与热的交换越充分，烟叶脱水速度越快。但是，通风速度和进排气量必须根据烟叶变色和干燥的需要进行恰当的调控。在烟叶没有完成变色之前，要充分利用水蒸气的蒸散作用，控制通风量在最适宜的水平上，如果过多通风，则会导致烟叶急干而达不到最佳颜色。在烟叶干燥阶段，需要加大通风速度和进排气量，才能确保烟叶及时干燥定色。加大通风量需要消耗大量的热量，生产上在此阶段往往通风过度，增加了大量的无效耗热，增大了烘烤成本，且不利于烤房稳温。

实际上，除环境因素影响烟叶脱水及干燥，烟叶自身因素如含水率及内在物质转化，也会影响其脱水干燥。而鲜烟叶的含水率及其内在物质转化快慢，与烟叶素质及烟叶采收技术关系密切。

2. 鲜烟叶的干物质组分

（1）碳水化合物

碳水化合物是绿色植物光合作用的主要光合产物，也是光合作用的初级产物。烟叶中其他复杂高分子化合物，大都是以小分子的碳水化合物为基本材料，与其他成分或元素进一步结合而成的。

烟叶的碳水化合物根据基本单位糖分子数目多少，可分为单糖、双糖和多糖。单糖包括葡萄糖和果糖。双糖包括蔗糖和麦芽糖。多糖包括均一糖胶和不均一糖胶。均一糖胶是由若干个相同的单糖分子缩合而成的，如淀粉、纤维素等。不均一糖胶是由若干个不同的单糖和糖的衍生物缩合而成的，如果胶、半纤维素及糖苷等。在单糖和双糖中，葡萄糖、果糖及麦芽糖属于还原糖，蔗糖属于非还原糖。适当的还原糖含量对烤烟品质至关重要。

烟叶中的多糖如淀粉、纤维素等一般不溶于水，无甜味，而且没有还原特性，但在酸性条件或酶的作用下可被水解为单糖。

淀粉是烟叶中的第一贮备物质，烤烟鲜叶生理成熟时淀粉含量最高，通常达烟叶干物质总量的20%~30%。从烟叶产品质量要求看，大量淀粉的存在，既影响烟叶的燃烧性和耐贮性，也影响烟叶的香气与吃味，影响吸用的安全性。好在调制过程中有足够时间让淀粉大量水解，转化为还原糖类物质。还原糖可直接、间接地产生烤烟特有的香味物质，适量的还原糖赋予烟叶优美的香气与醇和吃味，所以，烤烟烘烤调制加工可利用较高的鲜烟淀粉含量，调制烟叶的香气、吃味。

纤维素是构成烟叶细胞组织与网络、骨架的基本物质，常与木质素、半纤维素等混合存在。它们的混重往往占烟叶干重的7%左右，烟气的吸味和粗糙度与之相关，它们的含量主要受遗传基础和栽培条件的影响。

果胶质是烟叶中典型的胶体物质，具有很强的亲水性。鲜烟叶含有10%~14%的果胶，它主要存在于烟叶组织的细胞壁和细胞之间，它对烟叶的物理特性如弹性、韧性、容湿性等具有较大影响。

在鲜烟叶成熟过程中，烟叶碳水化合物的含量最初随成熟度的提高而增加，至生理成熟期达到顶点，可达全叶干重的40%~50%。其中，淀粉含量随着烟叶成熟度的提高不断积累，到生理成熟期时达最大值，但到工艺成熟期时已明显下降，若烟叶过熟则显著减少，故成熟采收有利于烘烤。

（2）含氮化合物

烟株从土壤中吸收各种无机化合氮，在根内或叶内被还原成氨基，然后经过同化作用成为各种含氮化合物。烟叶中的含氮化合物是烟叶生理过程中最重要的物质，对烟叶品质的影响很大。

烟叶中的含氮化合物主要有蛋白质、氨基酸、酰胺化合物和生物碱等。

蛋白质是以氨基酸为主要成分聚合而成的高分子聚合体，是构成烟株组织的基本材料和维持烟株活力的主要物质。鲜烟叶中蛋白质含量常在 10%~15%，高的可达 20%。蛋白质燃烧会产生令人厌恶的臭味，过高的蛋白质含量对烟叶产品的可用性是不利的；但蛋白质含量过低，又使烟叶香气不足，吃味不够丰满。所以，调制的一项重要任务就是控制烟叶中的蛋白质含量在一个合适的范围。

烟叶中含有两类蛋白质，一种是可溶性蛋白质，一种是不可溶蛋白质。当烟叶趋于成熟时，可溶性蛋白质的 F-1-P 组分就开始分解，调制过程中蛋白质的变化主要是由 F-1-P 组分的降解所引起的，而这些蛋白质的降解可以产生大量氨基酸。氨基酸对烤烟特有香味物质的形成富有贡献。

烟叶中还有一类特殊蛋白质叫作酶，在烟叶内部错综复杂的生理生化活动中起着各种催化作用。因此，要调制烟叶品质，还必须遵循各种酶的生物催化特性及其活动规律。

氨基酸是组成蛋白质的基本单元，它一部分是由有机酸与氨结合生成，一部分是由蛋白质在酶的作用下降解所得，可以游离态出现。氨基酸在烟叶生长发育中起着十分重要的作用，它不仅是合成蛋白质的基本材料，也是调节烟株体内新陈代谢的重要物质。在烟叶烤制过程中，各种 α-氨基酸和糖结合能生成烤烟特有的香气物质，在烤烟品质形成过程中具有重要作用。

烟碱俗称烟精，是烟草特有的一种含氮化合物，也是烟草有别于其他植物的标志性物质。烟碱的合成在烟株根部进行，然后通过茎秆输送到叶片和其他部位。^{14}C 测定表明，烟碱的合成可能与糖、有机酸有关。也有文献指出，烟碱是蛋白质和核酸的代谢产物。烟碱分子含有吡啶环和吡咯环，对香气的形成非常有利。烟碱具有特殊的生理作用，是烟草之所以成为烟草的本质特征。

成熟期间，烟叶中的烟碱含量变化趋势尚未取得一致结论，而蛋白质含量和氨基酸含量的变化具有明显规律性。

研究表明，鲜烟叶中的蛋白质含量于生理成熟之前达到峰值，生理成熟时略有下降，农艺成熟期则进一步下降。这说明，在烟叶成熟之前，蛋白质的积累高峰要早于淀粉的积累高峰，而成熟时蛋白质的分解程度则比淀粉要深。

研究认为，随烟叶成熟度的提高，α–氨基酸含量趋于减少，农艺成熟期时降到最低点，此后急剧增加，因此曾有人建议将其作为烟叶成熟的生理指标。

（3）色素

烟叶颜色的物质基础是色素，主要存在于细胞中的叶绿体、有色体等质体中。叶绿体是烟叶细胞进行光合作用的场所。专司光合作用的色素是叶绿素，包括叶绿素 a 和叶绿素 b，前者呈蓝绿色，后者呈黄绿色，前者含量多于后者。

烟叶细胞中还含有另外两种色素，即叶黄素和胡萝卜素，二者统称为类胡萝卜素。叶黄素呈黄色，胡萝卜素呈橙红色。叶绿素消失以后，烟叶的黄色调的深浅，取决于叶黄素和胡萝卜素的总量及二者的比例。

叶绿体中的色素不仅在光合作用中起重要作用，而且是形成烟叶香气成分的前体物质。其含量随烟叶成熟度的提高而降低，但类胡萝卜素占色素总量的比例随成熟度的提高而增加。

叶绿素在活体细胞中同蛋白质结合，即与蛋白质以复合体的形式存在。细胞衰老时，叶绿素被释放出来呈游离状态，游离叶绿素很不稳定，很容易分解。类胡萝卜素存在于叶绿体和有色体中，比叶绿素耐热，也较耐 pH 值变化，只有强氧化剂才易使它遭到破坏。类胡萝卜素与叶绿素同时存在时并不显色，只有叶绿素逐渐消失，才会逐渐显露黄色。

由于叶绿素与蛋白质的存在方式，以及烟叶色素之间的显色关系，人们可以通过观察烟叶颜色的变化，判断烟叶的成熟程度，以及烘烤过程中的后熟程度。

（4）酚类物质

植物体内的酚类化合物都带有包含一个或多个羟基的芳香环，包括从简单酚到木质素等复杂化合物。酚类物质通常占烟叶干重的 2%~5%。烟草的多酚类化合物在烟草的生长发育和烟叶品质形成与表达上都有非常重要的作用。

活烟叶中，多酚借助多酚氧化酶作用发生氧化反应，在烟叶呼吸过程中起到了重要作用。多酚氧化酶使多酚从空气中得到氧并被氧化为醌，醌又立即与脱氢酶从其他化合物（供氢体）得到氢，被还原为原来的多酚，其过程是双向的，也是平衡的，它们的不断进行，使烟叶与环境空气不断发生物质交换和能量交换。多酚类物质属于无色物质，氧化后则变成红色乃至黑褐色的醌类物质。在活烟叶中，上述反应是可逆平衡过程，所以醌类物质不会积累，烟叶外观也不会显色。但是在烟叶烘烤期间，如果条件不适或烘烤不当，双向平衡过程将会成为由酚到醌的单向过程，并随着醌类物质的积累，烟叶颜色转向棕褐色甚至黑色，这使烤烟质量立即变差。

（5）致香物质

脂肪酸是烟叶香气物质的重要前体。脂肪酸含量与烟叶素质有关，素质好的烟叶含脂肪较多，调制后等级也较高。

挥发油（又称芳香油或精油）、树脂与蜡质通常占烟叶干重的 7%~8%，对烟叶香气有很大贡献。它们主要是通过烟叶腺毛分泌出来的，且在烟叶成熟时含量最多，进入过熟期则不同程度地下降。

挥发性羰基化合物是烟叶致香物质。它们在烟叶生长发育过程中具有规律性变化，而且大多是随着烟叶成熟度的提高而增多，总体以成熟烟叶中含量最多。

（6）有机酸及矿质元素

烟叶中含有不少有机酸类物质。通常占烟叶干重的 10% 左右。各种有机酸的存在，对于烟叶生长发育过程中的新陈代谢具有重要影响。在原烟中，有机酸可增加烟气酸性，醇化烟气，使烟味变得甜润舒适。

此外，烟叶中还有 10%~12% 的矿质元素，如磷、钾、钙、镁、氯、铁、铝、硫、铜、锌、硅、钠、硼等，它们主要来自土壤和施肥，在烟叶中积累后含量较稳定。

综上所述，田间烟叶在自然生长状态下，具有特定的外部形态、解剖结构和内含物质，烟叶成熟时含有的大量水分和干物组分，为烟叶烘烤调制提供了丰厚的物质基础。

二、采后烟叶：烟叶烘烤对象的离体状态

烟叶经过采摘才便于烘烤加工。采摘后，鲜活烟叶离开了烟株（离体），断绝了营养和水分供给，但是离体烟叶仍保存有完整精细的组织结构，包含大量水分和生理活性物质，所以在采后很长一段时间仍能独立进行生命活动，成为一种独特的生物体系，不过，生活环境有了很大改变。

作为一种生物体系，离体烟叶要进行生命活动，就需要与周围环境不断进行物质交换与能量交换，但断绝了水分来源和养分来源，只能依靠消耗自身营养物质来维持生命活动，这种独特的生活方式被称为饥饿代谢。烟叶烘烤就是烘烤离体成熟烟叶，利用离体鲜烟叶的饥饿代谢特性，科学地创造烘烤环境条件，让烟

叶性质沿着人们期望的方向进行转变的过程。

（一）离体烟叶的代谢特点

在烟叶烘烤过程中，由于人为造成的水分胁迫和营养胁迫，离体烟叶在饥饿代谢后不久就会导致烟叶细胞结构发生变化，烟叶调制就是在这样的一个背景下进行操作的。如何调控烟叶水分和烟叶的呼吸作用，对烟叶调制十分重要。

1. 离体烟叶呼吸动态

烟叶的饥饿代谢，主要体现为在呼吸酶的作用下，烟叶内的有机物质不断分解与转化，释放能量维持生命活动。饥饿代谢过程中，烟叶内含物不断分解，特别是淀粉、蛋白质等高分子化合物不断分解提供呼吸基质，在呼吸的同时，还产生很多中间产物。

如果没有人为干预，烟叶从离体到自然死亡，是一个较长的变化过程。根据二氧化碳释放量的变化，可将这一过程分为六个阶段。

第一阶段：刚采收的烟叶以碳水化合物为主要呼吸基质，烟叶二氧化碳释放量和采收之前相仿。

第二阶段：仍以碳水化合物为主要呼吸基质，但二氧化碳的释放量减少，呼吸强度有所降低。

第三阶段：烟叶的呼吸基质除碳水化合物外，还有糖苷类物质和蛋白质，二氧化碳释放量有所增加，呼吸强度有所回升。

第四阶段：烟叶呼吸基质转为以蛋白质为主，二氧化碳释放量一度高于第三阶段，但紧接着复趋滑坡。蛋白质的大量分解，导致叶绿素–蛋白质复合体快速解体，叶绿素很快降解，烟叶进入快速变黄阶段。如果水分条件不能满足，烟叶变黄将停止；如果水分条件能够满足，此阶段可持续到烟叶完全变黄，直至进入第五阶段。

第五阶段：由于碳水化合物与含氮化合物被大量消耗，二氧化碳释放量越来越少。可溶性蛋白质的大量消耗，已威胁到叶细胞结构的完整性，烟叶可能发生较轻的棕化现象。如果水分条件许可，烟叶还可继续呼吸，但大部分组织已坏死。

第六阶段：细胞原生质结构破坏，细胞膜丧失选择渗透性，胞内物质外渗，氧气自由进入，发生严重的棕化反应，大量细胞解体，叶片死亡。

由此可见，采后烟叶的呼吸过程，有可能出现两个高峰期。要想获得有品质的烟叶，就必须施以人为控制，否则，轻者导致烟叶碳水化合物的严重消耗，重者导致烟叶组织结构的严重破坏和所有有机物质的消耗殆尽，严重影响烟叶。

2. 影响采后烟叶呼吸作用的内在因素

（1）直接因素

直接因素包括烟叶内含物的多寡、含水量的多少和酶活性的高低。内含物多的烟叶，能为采后饥饿代谢提供较多呼吸基质，能较持久地维持生命活动。含水量大、酶活性高的烟叶，呼吸强度较大；反之，呼吸强度较小。

（2）间接因素

间接因素包括烟叶营养水平、成熟程度和成熟期降水量及灌溉状况。它们间接影响采后烟叶的干物质含量、酶活性和含水量。

对影响采后烟叶呼吸作用的内在因素进行分析后可以得出结论：要使烟叶得到良好的调制，第一，要使烟叶成熟采收且群体整齐，凡是成熟度好和群体整齐度高的，采后烟叶饥饿代谢容易得到有效利用和控制，否则，调制进程难以把握，调制后果不堪设想。第二，可以通过采前灌溉及采收时机调整，调控采后烟叶的呼吸作用。第三，确保烟叶营养充足，化学组分协调，采后烟叶呼吸过程更为长久，烟叶品质调制的时间和空间更为充足。

3. 影响采后烟叶呼吸作用的外在因素

（1）环境温度

环境温度对植物呼吸作用影响显著。温度主要影响呼吸酶的活性。对烟草而言，在4~35℃范围内，呼吸速率随环境温度的上升而提高，但环境温度高于35℃以后，较大的呼吸强度难以持久；环境温度高于45℃以后，不论时间长短，呼吸强度都将减弱；环境温度超过50℃，则整个呼吸系统受到严重抑制。

（2）环境空气相对湿度

环境空气相对湿度会影响烟叶含水量，进而影响烟叶呼吸强度。将烟叶置于不饱和的湿空气中，烟叶向环境散失水分并渐渐凋萎。凋萎初期，叶片气孔关闭，形成还原条件，谷胱甘肽还原酶被激活，促进蛋白质水解和淀粉的分解，可利用态呼吸基质增加，烟叶呼吸强度加大。但进一步凋萎以后，烟叶含水量显著减少，成为烟叶呼吸作用的限制条件。可见，环境空气相对湿度对烟叶呼吸作用的影响既深刻又微妙。

（3）通风状况

当烟叶所处环境通风状况较好时，将有利于促进烟叶的呼吸作用，因为通风能及时供给氧气和排出二氧化碳。如果将烟叶置入一个密闭容器中，由于缺氧及二氧化碳浓度过高，就会造成烟叶停止呼吸和窒息死亡。在水分较多的情况下，烟叶会迅速腐烂。

对影响采后烟叶呼吸作用的外在因素进行分析后可以得出结论：第一，新鲜烟叶是一种有生命的生物系统，该系统时刻都在进行错综复杂的生理生化变化。烟叶成熟采摘离体，如果不进行合理调控，就不可能获得特定质量。第二，烟叶烘烤的重点在于根据烟叶特性和工业需求，创造适宜的烘烤环境条件，对离体烟叶饥饿代谢所产生的客观变化进行人为调控，使烟叶的内在成分和外观特征朝着人们所期望的方向变化、发展和固化。第三，烟叶烘烤的主要调控手段，是对烤房空气温度、空气相对湿度和通风状况实施科学合理有效的调控。

（二）人为烘烤干预下离体烟叶的内外观变化

烘烤过程中的烟叶变化是烟叶成熟过程的变化的延续。

1. 烟叶颜色的变化

在烘烤过程中烟叶最明显的变化是颜色。在正常烘烤条件下，烟叶由绿变黄，并在干燥过程中保持黄色（黄色干燥）。但烘烤条件不适或烘烤不当时，烟叶变黄有可能终止（烤青）或变黄以后棕化变褐。

人们根据烘烤过程中烟叶颜色的变化特点及控制要求，将烟叶烘烤全过程分为变黄期、定色期和干筋期。在变黄期，烟叶颜色由绿变黄；到定色期，在烟叶黄色充分熟化以后及时进行干片、定色；到干筋期，主要排除烟叶主筋中的水分，通过干筋彻底定色。

值得注意的是，在定色不当时烟叶的黄色难以纯净，往往带有不同程度的杂色。即使到干筋期，如果烘烤不当，烟叶颜色还会走型，如高温时容易烤红，高湿时易出现潮红。但正常采收烘烤的烟叶，都会呈现与其鲜烟素质相应的黄色调，如下部烟叶往往呈柠檬黄至金黄色，中部烟叶一般为橘黄色，上部烟叶往往表现出橘黄色至深黄色。有好的光泽，色调黄亮，是烤烟特有的外观特征。

2. 烟叶水分的变化

正常成熟的鲜烟叶，含水率大多在 80%~90%。不同部位的烟叶有不同的特性：下部烟叶含水率往往偏高，容易变黄，不易定色，烘烤排湿压力较大；中部烟叶含水率往往适中，较易变黄，也较易定色；上部烟叶含水率往往偏低，较难变黄，需保湿变黄。

在变黄期，通常是在控制通风和较高湿度下进行烘烤，烟叶失水速度平均为每小时失水0.5%~0.6%。该阶段结束时，烟叶通常充分凋萎，总失水率为30%~40%。

在定色期，通常在逐步加大火力，通过高风速升温、排湿后，烟叶失水速度明显加快。在定色中后期，平均每小时失水1.0%~1.5%，下部烟叶可达每小时失水2%以上。该阶段结束时，叶片基本干燥，主脉基部尚未干燥，总失水率为70%~75%。

在干筋期，通常提供较高温度和逐步弱化的通风排湿条件来干燥主筋，烟叶水分亏损较慢，平均每小时失水0.6%~1.0%。该阶段结束时，烟叶主筋基部易折断，整片烟叶全部干燥，总含水量在10%以下。

3. 烟叶内在物质的变化

在烟叶烘烤前中期，烟叶水分较多，生理活性较强，容易发生物质分解、转化活动，因而以调制烟叶品质为主；到烟叶烘烤中后期，需进一步调制烟叶质量，但又要及时固定已经获得的质量性状，因此渐以脱水干燥为主。如前所述，根据调制质量、固定品质及便于掌握烘烤进程的需要，人们将烟叶烘烤调制过程划分为变黄期、定色期和干筋期。

变黄期的主要任务是促进烟叶内在物质的分解与转化，烟叶外观由绿变黄，由膨胀状态变为凋萎状态。

定色期的主要任务是进一步调制烟叶质量，使烟叶外观全黄、组织疏开、叶体变香。同时，要促进叶片干燥，防止不良生化反应，以便将已经形成的良好品质固定下来。定色期结束时，烟叶叶片充分干燥，俗称“干片”。

干筋期的主要任务是将烟叶全部烤干，特别是确保烟叶主筋全部干燥，以彻底定色。由于烟叶主筋较粗，需要采用较高空气温度和较低空气相对湿度进行干燥。但过高的温度会破坏烟叶香气，因而又需控制干筋最高温度——通常不超过68℃。

在整个烘烤过程中，烟叶发生的一系列的内在物质转化和外观性状变化，是一种系统性、全体系的改变。其最终结果，就是形成了卷烟工业需要的烟叶内含物质及其期望的色、香、味、形。这时，烤前鲜烟叶的生物学系统已成功转型为一种富有使用价值的原烟质量系统。

在烘烤过程中，烟叶变化错综复杂但又有着特定的规律。其中有一个基本规律，就是烟叶所有内在变化都能在外观上得到反映，人们正是基于这种系统的相关性和整体性表现，动态调整烟叶变化的环境条件，使烟叶在失水干燥的同时，发生一系列有利于烟草工业品质的变化，并及时固定已经获得的优良品质。

在烟叶烘烤过程中，品质调制与失水干燥是两个主要变化过程，二者相互联系，相互影响，相互支撑，相互制约。但失水干燥始终要服从于品质调制，它是一种偶联机制，也是烟叶烘烤的重要抓手。

三、装炕后的烟叶：烟叶烘烤对象的集合状态

上文系统介绍了田间烟叶形态、结构、物质组成以及采后离体烟叶的饥饿代谢特点和烟叶烘烤的物质基础及其基本规律性。同时，概述了烟叶系统的基本特性，尤其是整体性、相关性及环境胁迫与逆境效应。下面从工程学角度进一步考量烟叶烘烤对象的系统特征和工程特性。

（一）烟叶烘烤对象的基本概念

烘烤对象作为烟叶烘烤的基本要素，是一个十分重要的技术概念。

人们常说的烟叶烘烤对象，或指田间烟叶，或指采后烟叶，或指烤前烟叶，或指烤中烟叶，给人感觉范围很大，实则各有所指，因为站在烟叶烘烤的不同情境或系统层次讨论问题，烘烤对象指向不同。譬如，站在烟区技术管理层次研讨烟叶烘烤问题，烘烤对象通常是指面上的烟叶，包括具有本地特点的正常烟叶和非正常烟叶等；站在烘烤集群层次讨论烟叶烘烤，烘烤对象不仅指田间烟叶，还指鲜烟类别，以便对不同烟叶分别统一组织同质化采收、配炕烘烤；当讨论具体一炕烟叶计划怎样烘烤时，烘烤对象往往是指采后正在夹持装炕或已装炕的新鲜烟叶；而在检查一炕烟叶烘烤状况时，烘烤对象就是指炕内所有烟叶。可见，所处系统层次越高、越大（宏观），时段越往前，就越指向抽象烟叶或田间烟叶；当所处系统层次越低、越小（微观），时段越往后，就越指向具体烟叶乃至炕内所有烟叶。所以，用一句话来概括，烟叶烘烤对象就是指那些源于田间、来自采收、成于装炕的有着特定空间布局的大量烟叶的群体集合。

（二）烟叶烘烤对象的集合状态及其形成的过程机制

1. 总量适宜，相对密集——确保密集烤房的烘烤能力和性能优势正常发挥

烟叶烘烤的目标原则之一，就是充分发挥密集烤房的烘烤能力和性能优势。

密集烤房有着特定的大小和装烟容量。由于强制通风，穿透力强，烘烤排湿快，故而能相对密集装烟，明显提高烘烤容效。

鲜烟叶中80%~90%都是水分。对烤房而言，装烟如“装水”。装烟太少，不能充分发挥密集烤房的烘烤容效和性能优势，甚至由于“装水”过少而使炕内水源不足，烟叶难以变黄，容易烤青，但烤房烘烤能力有限，装烟太多，烤房不堪重负，烟叶变黄以后难以定色，容易烤黑。在广西百色烟区，一座标准化密集烤房采用烟夹烘烤时，鲜烟装载总量通常以3500~4500kg为佳；挂竿烘烤时，鲜烟装载总量通常以3000~4000kg为宜。在此范围内，耐烤烟叶宜适当多装多采，不耐烤的应适当少装少采；水分少的烟叶宜适当多装多采，水分多的宜适当少装少采。

烟叶是其烘烤环境的制造者，又是其烘烤环境的制约者乃至破坏者。烤房装烟量与烤房内部装烟密度或烟叶之间的拥挤程度有很大关系。烟叶在烤房内部必须受风，才能得到烘烤调制，但受风也意味着挡风、分风，并在很大程度上决定着烟层的透风能力和分风质量。尤其能否透风，决定一炕烟叶的烘烤成效乃至成败。如果炕内烟叶密度太小，炕内烟层透风太快，烟叶容易快速干燥，烘烤过程中容易烤青；反之，如果装烟太密，密不透风，烟叶失水困难，虽然容易变黄，但难以定色。在广西百色，按照上述装烟量范围适度变通，较能充分发挥密集烤房的性能优势，但必须提前查看田间成熟烟叶数量，适熟适量采收配炕，使田间适采烟叶数量和采后适烤烟叶数量与烤房适宜装烟容量高度吻合；反之，盲目下手，采收过多或过少，都不利于提高整炕烟叶烘烤质量，严重时导致烘烤失败。

2. 同类集群，分类定位——最大限度发挥各种鲜烟叶的质量潜力

一炕烟叶是一个体数量庞大的烟叶群体。按现行标准化密集烤房的装烟容量，一座密集烤房（装载量控制在4000kg左右）能装50000~60000片鲜烟叶（不同部位单叶重不同）。

一炕烟叶常来自很多烟田。以中部烟叶为例，如果某日每株烤烟平均可采2.5片中部烟叶，一亩（注：1亩≈667平方米）烟田按1100株算，每亩可采2750片左右。中部烟叶烤房适宜装烟量如以55000片算，同时假设事前已经计算过采后成熟烟叶比例，也要采遍20亩烟田才能满足适宜装烟量要求。如果某日每株烤烟平均只可采2片或1.5片中部烟叶，那就要采遍25亩或33.3亩烟叶才能装

满一炕。

在规模化种植条件下，一个专业化烘烤集群的烟叶烘烤承载的烟田面积少则几百亩，多则上千亩。大规模碎片化分布的烟田以及不同农户人工栽培的烟叶，即使均质化栽培水平再高，大面积种植还是不可避免地存在温、光、水及营养条件差异，尤其还无法避免同一株烤烟不同叶位的烟叶成熟度的自然差异。最终，每采一炕烟叶，鲜烟叶素质也只能是大体相近。不过，在分批逐片采收及同质化配炕采收模式下，采后鲜烟叶素质的最大差异主要在于鲜烟叶的成熟度，其中以适熟烟叶为主，也包括欠熟、过熟等不同烟叶。

烟叶烘烤目标原则之一，就是最大限度地发挥各种鲜烟叶的质量潜力。一个烘烤集群是这样，不同炕次是这样，同一炕次也是这样。

密集烤房的装烟室是个长方形空间，装烟架从上到下通常分顶层（棚）、二层（棚）和底层（棚）。但不同成熟度的烟叶装进烤房中的哪个层次以及哪个层次的什么位置，有一定规律性要求。

第一，鲜烟叶成熟度不同，烘烤后熟任务不同，对炕内烘烤环境需求及空间定位要求不同。只有各种烟叶都能在烤房空间合理进行区域定位，各类烟叶才有可能得到良好调制。因此，在装烟之前，要以成熟度为主，对采后鲜烟叶进行分类。然后，分类夹持、分类放置、分类装炕，分类完成炕内空间的合理定位和总体布局。这一过程的实质，就是鲜烟叶的群集化。群集化的最终结果将产生不同的烟叶集群。再将不同烟叶集群在烤房内部有序分布，就形成了整炕烟叶的集合状态。

第二，烤房空间不同区域，空气温湿度分布不同。不同成熟度的鲜烟叶，只有在炕内合理定位，得到了各自有利的烘烤环境，才算与烤房进行了合理空间匹配。

（1）气流下降式烤房

在气流下降式烤房中，通常要将过熟烟叶或容易变黄的烟叶装在顶棚高温区域，将成熟度较低或变黄较慢的烟叶装在底棚低温区域，将成熟度好的素质好的烟叶装在整个二棚以及顶棚、底棚其他区域。

（2）气流上升式烤房

在气流上升式烤房中，通常要将过熟烟叶或容易变黄的烟叶装在底棚高温区域，将成熟度较低或变黄较慢的烟叶装在顶棚低温区域，将成熟度好的素质好的烟叶装在整个二棚以及底棚、顶棚其他区域。

3. 层层等量，布匀布满——使炕内温湿度分布趋势保持稳定

烟叶夹持与装炕，是新鲜烟叶在烤房中被人为整理分布和合理布局的过程，也是整炕烟叶群体功能的定型过程，总体技术要求是“密、满、匀、齐、准”。“密、满、匀、齐、准”相互关联，共同支撑着烟叶装炕质量。做得好，能让烟叶有规则地进入烤房并在炕内合理分布，最终，群体适烤，分风均匀，定位精准，就能为整炕烟叶优质、高效烘烤调制提供坚实基础。

所谓“密”，就是鲜烟装炕总量适宜，炕内烟叶相对密集；所谓“准”，就是上述将不同素质烟叶同类相聚，在炕内空间分类放置，精准定位。

所谓“满、匀、齐”，第一是指满夹满装，使炕内各层布满烟叶；第二是指适量均匀夹烟，夹后均匀装炕，使炕内烟叶在水平方向均匀分布，确保均匀受风，确保炕内温湿度分布有规律性，以准确掌握烘烤进程；第三是指配炕的烟叶相对整齐，鲜烟成熟度相对集中，烟叶鲜活度高度一致，烟叶夹持方式整齐一致，烟叶夹持状态整齐一致，尤其还要强调夹烟叶时叶柄露头要一致，确保层间风道畅通且均匀一致。

“满、匀、齐”含义不同，但在装炕效果上异曲同工。“齐”意味着一炕烟叶整体素质相近，具有较高的均质化基础，而后，不同烟叶分类聚集，所有叶体整齐一致，既均质又齐整，装炕后有利于纵横方向均匀通透。“匀”则从纵横二维均匀分配炕内空间，保证烘烤过程中炕内风力场、温度场和湿度场正常有序，规律性分布。

由此可见，“满、匀、齐”都能左右烟叶烘烤状态，而且互相关联：“齐”事关烟叶整体的均质化和整齐化，不仅有“匀”的味道，还是“匀”的基础；“满”与“匀”相比，“满”就是“匀”的保证，如果烟层不能布满烟叶，层内烟叶即使看起来均匀，严格说起来也算不上均匀。

需要指出的是，炕内烟叶分布不是追求表象上均匀分布，而是要科学合理分布。例如，一座密集烤房配炕采收中部烟叶，已知采后鲜烟总重量为4200kg，那么，每夹夹持的鲜烟净重以多少为宜？对此，我们假设有两种做法：做法一，将每夹鲜烟净重平均控制在13.5kg，夹烟完毕一共夹有312夹。做法二，每夹鲜烟净重平均控制在17kg，夹烟完毕一共只有247夹。其中的问题是，烟夹夹烟能力弹性很大，如果不能合理定量和量化控制，夹烟重量悬殊，装炕后烟叶分布的均匀性会出现很大差别。相对而言，在本例中，做法一属于“稀夹密装”模式，

装炕后烟叶分布比较均匀，烘烤时，烟叶能够均匀受风，热风较能充分利用，烟叶变化也相对一致。做法二可谓“密夹稀装”之法，夹内烟叶大量密集而难以透风，而夹间距大，夹间非常容易跑风，只要烤房处于排湿状态，就会导致大量无效耗热，而且夹表烟叶变化快，夹心烟叶变化慢，夹表、夹心烟叶变化不同步。严重时，装烟室前段（靠近隔热墙）容易通风“短路”，气流分流过早，气流运动方向异常，温湿度分布偏离常态而难以掌控。

还要强调，从大田培植（烟叶备烤）到成熟采收，是烟叶烘烤田间对象的配炕阶段，从采后整理到装炕完毕，是烟叶分类群集及其空间布局定位过程，最终，形成了整炕烟叶的群体集合，并产生良好的系统功能。烟叶烘烤对象从田间生长状态，到采后离体状态，再到炕内集合状态，一步一步有序完成，过程控制很关键。烤中烟叶变化以及烤后全炕烟叶烘烤质量与烘烤效率，取决于炕内烟叶系统状态，也取决于系统形成的过程控制。工程意义上的烟叶烘烤对象是基于自然系统的人造系统，人的作为和过程控制特别重要。过程控制越讲规则就越有秩序，技术质量越高炕内烟叶就越成系统，成为好系统；反之，过程控制不讲规则，混乱无序，技术质量变差，炕内烟叶就不成系统，这时，后续烘烤困难重重，令人纠结，还怎能奢望优质、高效烘烤？

第三章　烟叶烘烤技术论

烟叶烘烤技术包括烟叶烘烤设备技术和烟叶采收、烘烤技术。其中，除了复杂的设备技术需要依靠外部输入，其余技术（包括设备应用技术）主要应在烟区解决。在烟区，烟叶烘烤关键技术研究、技术体系建设以及技术标准化的主要工作，通常都由地市级烟草公司牵头负责，每年的烟叶烘烤技术督导也由地市级烟草公司牵头组织，即烟叶烘烤的大型技术决策、技术政策、技术管理与督导都由烟区高层操持，但烟叶烘烤的微观运行与过程控制技术，则由生产一线各烘烤集群来完成。生产一线是烟叶烘烤技术的集成场所和作用场所，也是烟叶烘烤技术的需求场所和服务场所。本章围绕烟区烟叶烘烤尤其是一线烘烤技术建设，讨论烟叶烘烤的技术概念、技术现状和烟叶烘烤过程控制技术体系改造。

第一节　烟叶烘烤技术解析

一、什么是烟叶烘烤技术

（一）关于技术

技术是关于某一领域全部有效的科学理论和方法，以及在该领域为实现公共或个体目标而解决实际问题的全部规则。

世界知识产权组织曾在《供发展中国家使用的许可证贸易手册》中做过这样的定义："技术是制造一种产品的系统知识，所采用的一种工艺或提供的一项服务，不论这种知识是否反映在一项发明、一项外形设计、一项实用新型或者一种植物新品种，或者反映在技术情报或技能中，或者反映在专家为设计、安装、开办或维修一个工厂或为管理一个工商业企业或其活动而提供的服务或协助等方面。"这是迄今为止国际上给"技术"所下的最全面完整的定义。其中一个最大特点是多元化。现代技术既可为有形的工具装备、机器设备、实体物质等硬件，又可以为无形的工艺、方法、规则等知识软件或专业服务，还可表现为不是实体物质但却又有物质载体的信息资料、设计图纸等。可以说，凡能带来经济效益的科学知识都可定义为技术。

（二）关于烟叶烘烤技术

根据以上技术定义，“烟叶烘烤技术”就是那些能够提高烟叶烘烤质量及其经济效益的一系列科学知识，包括有关的理论知识、技术知识和技术应用知识。通俗地讲，就是关于烟叶烘烤的各种有益知识和技巧。

纵观近十多年来我国烟叶烘烤技术的发展及组织方式的变革，多元化呈现及专业化分工已成为现代烟叶烘烤技术的鲜明特点。但长期以来，我国主要重视基于烟叶调制原理和烤房工作机理的各种各样科学技术，对生产一线如何运用、用好烟叶烘烤科学技术关注太少。

二、烟叶烘烤过程控制技术分类

在烟区一线，所谓烟叶烘烤技术，就是烟叶烘烤微观运行或烘烤过程控制技术。下面根据现代技术的“多元化”理论和一线烟叶烘烤技术建设需要，对烟叶烘烤过程控制技术进行分类解析与探讨。

（一）按技术维度进行分类

1. 按纵向技术模块划分

基于烘烤流程，烟叶烘烤过程控制技术可分备烤技术、烟叶采收技术、烟叶夹持装炕技术、烟叶烘烤（变黄、定色、干筋）控制技术、烤后回潮卸炕技术等。

烟叶烘烤技术模块的纵向划分，主要是基于烟叶烘烤流程不同工段的目标任务差别所做的划分。实际上，备烤、采收、夹持装炕、烘烤控制、回潮卸炕 5 个工段，是一个内在联系非常紧密的整体，哪个工段做得不好，状态不佳，都会影响烟叶烘烤结果，甚至涉及烘烤的成败。之所以进行人为划分，目的是认识技术、讨论技术、完善技术并用好技术。过去，在许多烟农的心目中备烤就是开烤前后顺带做的一些零碎活，而随着密集烘烤多年实践，烟区渐渐认识到了备烤工作的重要性，并将备烤视为烟叶烘烤的首要工段。过去，大家讲烟叶烘烤技术往往就事论事，如讲采收就强调采收，讲烘烤就强调烘烤，结果，不同技术环节的内在联系被人为忽略，被客观削弱，烟叶烘烤技术的碎片化现象相当严重。现在，已有不少烟区开始重视烟叶烘烤的工序关系管理，烘烤技术的整体化水平明显提高。

2. 按横向技术模块划分

所谓按横向技术模块划分，主要是对烟叶烘烤的技术要素进行划分。根据第二章所述，烟叶烘烤最基本的技术要素就是作业人员、机械器具、烟叶物料、作

业方法和内外环境，可简称为“人机料法环”（“4M1E”）。从备烤到烤后出炕的每个烘烤工段（序）管理，需从作业人员、机械器具、烟叶物料、作业方法和内外环境着手分析和控制。

必须指出，在烟叶烘烤中“4M1E”是一个有机整体（见图 3-1），任何一个要素短缺或弱化，都会降低系统的整体功能。换言之，烟叶烘烤系统的整体功能主要受制于最弱的技术要素，符合“木桶原理”，当然，“人”的作用始终处于中心位置和主导地位。

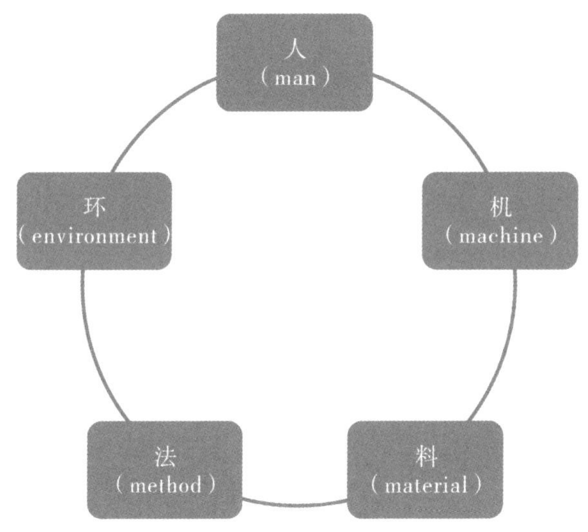

图 3-1　烟叶烘烤五个最基本的技术要素“4M1E”

（二）按技术知识性质进行分类

技术是不同专业领域的科学知识。一门技术包括科学层面、技术层面和应用层面各种有用的知识。按照不同性质知识与烟叶烘烤实践关系的远近，可将烟叶烘烤知识划分为烟叶烘烤的理论知识、技术知识和技术应用知识。结合技术主要作用对象的不同，可将烟叶烘烤技术区分为物理性技术、事理性技术和人理性技术。

1. 物理性技术

这是一类基于烟叶烘烤的自然科学基础，如烟叶烘烤的生理生化变化、理化变化、生物化学及物理学原理等物质（物器）变化规律所产生的烟叶烘烤技术。这类技术如烟叶成熟采收技术，烟叶烤黄、烤干、烤熟、烤香技术，烟叶烤房的操作技术、监控技术等。物理性技术非常重要，离开了这些自然科学规律和对其形成的规律性认识，烟叶烘烤技术就成了无源之水，无本之木。

2. 事理性技术

事理是指完成一件事或做好一件事应遵循的道理。在烟叶生产上，基于烤成烟、烤好烟的事理而产生的烟叶烘烤技术叫作烟叶烘烤的事理性技术。在烟叶烘烤工程中，除有很多物理性技术，还有很多事理性技术。事理性技术主要基于烟叶烘烤工程原理、系统学原理和技术应用运行原理，着重解决烟叶烘烤科学技术如何利用、工程技术如何集成以及不同技术要素、不同技术环节的复杂关系如何把握，发挥着物理性技术起不到的作用。事理性技术关乎烟叶烘烤技术是否切合工程实际以及是否完备、能否执行到位等。它不但要将烟叶烤成，还要将烟叶烤好。在长期烤烟生产实践中，烟叶“长得好、烤不好”的现象比比皆是，甚至烟叶“长成了而烤不成”的现象也时有发生，这些往往都是由于事理性技术缺乏所致。

3. 人理性技术

这是指基于烟叶烘烤的服务宗旨、商品学目的、食品学本质及烘烤从业人员的生理学、心理学等原理而产生的烟叶烘烤技术要求。其核心要义，就是“以人为本、统筹兼顾、协调配合、科学烘烤”。

近年来实施专业化烘烤，较好地实现了烤烟生产的种烤分离，难度较大的备烤、采收、夹持装炕和烘烤环节，都由不同专业队来完成。烟叶烘烤由原来千家万户的自理性烘烤，变为专业化分工和集中服务烘烤。专业化烘烤不仅仅是烟叶烘烤组织方式的改变，关键还要考虑烟叶烘烤为了谁、依靠谁以及怎样干才能干得更好，干出专业化水平。譬如，当前既要大大提高各种专业化队伍的烘烤技术水平，又要让各种队伍（包括烟农队伍）密切配合，充分发挥“人”的第一要素作用，确保烟叶烘烤技术体系高水平运行。又如，任一烟区的烟叶烘烤产品（初烤烟），都是为卷烟工业提供优质原料（如高香气、可用性好）的，那么，烟区每年能否从工业要求出发实施烟叶烘烤技术？如果说将烟叶烤黄、烤干需要技术，那么将烟叶烤熟、烤香，烤出更高的工业可用性，就需要更高水平的烘烤技术。实际上，在烟叶烘烤实践中，关乎人力资源配置（如烟叶烘烤工位制、工时制）、培养（培训）以及对他们的科学化、人性化的使用与管理，都需要高水平的人理性技术。

值得指出，过去，许多烟农烟叶烘烤成功率低，几乎屡战屡败、屡败屡战，首先是由于不懂得烟叶烘烤的物理性技术；而近些年来，不少烘烤集群的专业化烘烤，烟叶烘烤绩效不够理想，主要是因为不懂得烟叶烘烤的事理性技术和人理性技术。

在现代烟叶烘烤工程中，“物理”是成事之基，关键要讲科学遵循；“事理”是成事之本，关键要讲科学管理；“人理”是成事保证，要大讲烟叶烘烤的价值追求和从业人员的合理调配与科学管理。显然，与过去那种只讲“一理”相比，讲“三理”将能打造更多的现代烟叶烘烤优质工程。

（三）按技术功能进行分类

烟叶烘烤是劳动密集型工程，也是技术密集型工程。根据烟叶烘烤技术性质和功能的不同，烟叶烘烤的物理性技术还可分为操作性、适应性、保护性、诊断性、调控性等技术。而烟叶烘烤的事理性技术至少可以分为计划性（运筹）、执行性（过程控制）、检验性（测量考评）和改善性（标准化固化或进一步改善）等技术。如果这四个环节前后相连，无缝衔接，形成“计划（plan）—执行（do）—检验（check）—改善处理（action）”循环（简称“PDCA 循环”），烟叶烘烤就一定会不断改善、精益求精。

需要指出的是，烟叶烘烤的实质是定向改变烟叶性质，烟叶在烤房的人工环境中发生一系列有利于卷烟工业需要的各种变化，形成特定的色、香、味、形，而真正能让烟叶直接发生上述有利变化的烟叶烘烤技术主要是一系列的调控性技术。这就要求烟叶烘烤要合理求变、准确预变、有效防变并及时应变，换言之，要准确把握烟叶特性，精细掌握烟叶变化，精准实施调控技术。但烟叶烘烤调控技术具有强烈的方向性，不同调控技术往往存在调控方向矛盾，稍有不慎就会出现烘烤不当。这告诉我们，SMART（S＝specific，明确的；M＝measurable，可衡量的；A＝attainable，可实现的；R＝relevant，相关联的；T＝time-bound，有时限的）目标导向和定向过程控制，是烟叶烘烤的成功保证，也是烟叶烘烤过程控制的重要原则。

由此可见，在烟区一线微观领域，烟叶烘烤过程控制技术内涵非常丰富，从事现代烟叶烘烤，必须更新技术观念，拓宽技术视野，要深刻认识烟叶烘烤各类技术的外在区别和内在关联，以更好地打造烟叶烘烤过程控制技术体系。

第二节　烟区烟叶烘烤技术现状

在烤烟生产中，烘烤是关键环节，但往往也是最薄弱环节。在传统烟草农业时期一直如此，到了现代烟草农业时期有明显改善，但相对于烟草栽培和烟叶分级收购的技术进步，烘烤仍是很多烟区的“短板”所在。

一、烟区烟叶烘烤质量还有很大提升空间

为提升烟叶烘烤水平，2005 年以后各地着手力推密集烤房。密集烤房是现代烟叶烘烤核心设备，既可分户适度规模烘烤，又可工厂化集群化烘烤，技术资源优势很大。然而，在 2010 年前后，很多烟区烤坏（次）烟现象非常严重，烟草工业不满意，烟草农业也不满意。

为在科技进步中实现更高追求，进一步促进生产关系与生产力的协调发展，中国烟草总公司又进一步推行专业化烘烤。自从推广专业化烘烤，烟区烟叶烘烤质量普遍提高，但总体状况仍不理想，仍有很大提升空间。主要体现在以下方面。

1. 烤坏（次）烟现象时有发生

烤坏（次）烟现象表现在烤后烟叶往往远看好，近看差。远看整体光鲜黄亮，近看常见微带青、小花片、杂色烟，烤青、烤黑也时有出现；另外，烤黄的烟叶往往叶面发干、组织僵硬，正背面色差过大。

2. 上等烟比例有待提高

上等烟比例是影响烟叶均价、烟农收入和烤烟生产绩效的一个关键指标，也是反映烟叶生产技术水平的一项重要指标，它与烟叶烘烤关系密切。近十年来，随着市场供求矛盾日益突出，烤烟上等烟比例问题备受关注。

闫新甫等（2014）研究报道，按不同部位烟叶的单叶重估算，理想状态下，未优化结构的一株烤烟（单株留叶 20 片），可产上等烟比例的最大理论值为 69.3%。众所周知，生产实际不可能达到理想状态，烟叶收购和工商交接的烟叶等级合格率也不可能达到 100%，能达到 80% 已是较高水平。例如，在优化烟叶等级结构之前的 2010 年，云南省收购的上等烟比例是 50.14%，而优化烟叶等级结构之后的 2013 年，云南省收购的上等烟比例就提高到 69.87%。所以，在没有明显自然灾害的情况下，南方有些烟区收购烟叶的上等烟比例是有可能接近 70% 的，但大多数烟区的收购结果（等级合格率≥ 80%）可能远远低于这个估计。

3. 烟叶烘烤成功率面临很大压力

2011 年，国家烟草专卖局（总公司）提出了优化烟叶等级结构要求。当时，按照要求进行优化，烤烟单株烘烤叶数一般 18 片左右，大多采烤 6 个炕次。2018 年，烟叶结构优化力度进一步加大，单株烘烤叶数进一步减少，一般采烤 5 个炕次。这意味着，在烟区中，同一个小产地，每年才有 5~6 轮烟叶采烤。单株可烤次数越少，意味着烘烤机会越少，也意味着容错率越低。显然，进一步加大烟叶结构优化力度，也就进一步缩小了烟叶烘烤的容错空间。换言之，烤烟单株可烤次数越少，人们就越期望有更高的烘烤成功率。而实际情况如何呢？2018 年在清除烟株下部 5 片烟叶的情况下，仍有一些地方第一炕烟叶烤得青的青，黑的黑，全炕黄的数量虽明显增多，但烟叶质量瑕疵仍然不少，第一炕的烘烤质量并没有像事前想象的那么好。

4. 烟叶烘烤损失很大

由于多种原因，特别是烘烤技术上的失误，在 2018 年以前，很多烟区烟叶烘烤损失率在 15%~20% 不等。为摸清不利因素对烟叶烘烤损失的影响程度，2015 年云南砚山县局（公司）于某镇 8 个村 18 个村民组设置 54 个点，进行田间烟叶非烘烤损失和烘烤损失调查，结果表明，该镇各小产地的烘烤损失率在 4.5%~20.7%，平均为 15.5%。其中非正常烟叶的烘烤损失率在 2.0%~16.2%，占 6.0%；采烤不当造成的损失率在 3.4%~12.3%，占 9.46%。该镇 15800 亩烟叶，烘烤损失总额高达 959.4 万元。该调查结果除了列出一系列具体数据，展现了不同小产地烟叶烘烤的实际状况，也为各烟区降低烟叶烘烤损失提供了依据。

二、专业化烘烤面临诸多技术难题

在尚未实行专业化烘烤之前，千家万户各自烘烤，很多烟农沿袭普通烘烤技术，凭着普通烘烤积累的经验和参加密集烘烤培训得到的一些知识，各自为营，大胆上阵，结果造成盲目、野蛮、胡乱烘烤，不仅不能保证密集烘烤的烟叶质量，还给烟叶烘烤技术指导带来了很大困难。

实行专业化烘烤以后，由烟农中的烘烤能手组成烘烤专业队来集中管理烘烤资源，统一烟叶烘烤技术，虽有改善但仍面临很多技术难题。

1. 专业队伍基础薄弱，技术质量很难保证

首先，烘烤专业队大都没有经过严格系统的专业技能训练，仓促上马，专业技能不能满足烘烤要求。

其次，专业化烘烤的烟叶采收、夹持、装炕环节，有的全部由烟农（互助组）完成，有的是由烟农与大量非烟农一起完成，有的全部由非烟农完成。这样一种兵团作战，特别是后两种情况，技术质量很不理想。

2. 技术体系缺陷多、漏洞大，与现代烟叶烘烤工程要求很不相符

现代烟叶烘烤技术是一种工程技术，不能完全偏向自然科学技术。其中必须有效融入行之有效的科学管理技术，包括烟叶烘烤必需的科学管理思想、理论及方法、工具。如关于烟叶烘烤技术的工程特征、系统特性、烘烤流程和程序化管理、烟叶备烤和源头管理、基于正确目标导向的过程管理和整体管理、瞄准关键技术的提前管理、针对细节的精准量化管理、确保技术到位的现场管理和信息化辅助管理，还有不断提高烟叶烘烤技术水平的管理方法与技术，等等。而现行烟叶烘烤技术框架往往不够完备。

一是基础流程不完备。现代技术很重视流程管理。然而，现行烟叶烘烤很少进行流程设计，甚至缺少备烤工段，基础流程不完备。结果，生产上有些地方临到开烤前两天，才仓促做些烤前准备（大备烤），临阵磨枪，大量准备工作未做好，一开烤就乱套。还有极少数地方直到第一烤烟叶采收装炕了，才来补做备烤工作，一烘烤就打败仗。

二是技术要素短缺。长期以来，我国烟叶烘烤包括烘烤对象、烘烤设备、烘烤技术“三要素”。基于“三要素”的烟叶烘烤技术框架长期指导着我国烟叶烘烤实践，并起到了很好的指导作用。但随着现代烟草农业的发展，它的局限性日益明显。如现代烟叶烘烤怎样看待烘烤设备？怎样打造烘烤对象？怎样使一个烟区的烟叶烘烤工艺一步一步贴近烟叶烘烤工程实际？怎样掌控烟叶烘烤工段环境？怎样对待烘烤过程的量化控制？怎样科学发挥“人”的作用？而“人”又怎样驾驭烘烤过程？等等。

上述两大缺陷，使不少烟区的烟叶烘烤技术标准不切实际，难以发力。而面对烘烤中出现的很多技术问题时又缺少整体观，往往出现“头痛医头，脚痛医脚，按下葫芦浮起瓢”的情况。

3. 现代烟叶烘烤工程特征大大增强，但一线人员思想观念陈旧落后，工程意识普遍较低

第一，缺乏质量意识。其表现在说话不严谨，表达不准确，做事不科学，工作不规范，管理不到位，总体技术水平亟待提高。

第二，做事不按程序，也不重视程序管理。工程技术取胜技巧之一，就是按程序做事，抓程序化管理。没有程序或轻视程序，不按程序办事，都将阻碍工程技术质量提升。然而，在很多烟区烟叶烘烤技术规程中，程序化管理过于薄弱（烘烤工艺部分相对较好），执行随意，容易丢三落四、颠三倒四，常常出现技术漏洞和技术冲突；同时，由于程序化管理不严格，有些人投机取巧、粗枝大叶，结果损害了技术质量和烟叶品质，影响了烘烤绩效。

4. 一线烘烤很需要技术督导，但督导工作不尽如人意

烘烤期间，不少包片烟技员走村串户，深入田间和烤房，精心开展技术指导和督促，起到了很好作用。但由于多种原因，有些烟技员状态较差，或有力无心，或有心无力，人进入不了角色，工作进入不了状态，走马观花，技术指导和监督很不到位。可想而知，这种状态一多，就会产生很大的负面效应。

5. 烟区烟叶烘烤技术督导机制有待完善

近年来，很多烟区在原有层级管理体制（包括设立专业化烘烤领导小组）基础上，层层新增一两名专职人员（如市公司烘烤总监，县营销部烘烤主监，基层烟站烘烤主管，有独角、AB 角两种设置），明确烟叶烘烤阶段职责，进一步加强专业化烘烤的技术指导和管理监督。这是烟区烟叶烘烤技术管理的一大进步，但很多烟区以前没有专业人员负责，烟叶烘烤技术建设“欠账”太多。例如，有些烟区的烤烟密集烘烤技术标准，当初由于时间紧、任务急而仓促成稿，可用性低，可操作性差，而且标准的执行不够规范，标准的检验不够严格，标准的改善依据不足，后来，文字标准的修订工作没有得到很好落实；有的烟区老是盯着传统烟叶烘烤工艺方法，技术标准化不全面、不规范，更不到位。

6. 我国烤烟密集烘烤技术推广速度很快，但技术理论明显滞后

过去，我国烟叶普通烘烤技术理论建设活跃，颇有建树，尤其在 20 世纪 90 年代，“三段式烘烤”成果累累。自 21 世纪头 10 年大力推广密集烘烤以来，科技界也开展了不少科学研究，做出了许多重要贡献。但总体上，技术研究较多，理论研究较少；在技术上，开头几年烘烤设备研究较多，烘烤技术研究偏少；后来重视烘烤技术，但物理性技术研究较多，事理性技术研究偏少。所以，目前烟叶烘烤技术理论建设很不平衡，缺口很大。比如，近几年除中国烟草总公司组织开展烟叶烘烤工位制和工序化研究外，最新出版的多种有关烟叶密集烘烤著作，极少提到烟叶烘烤的流程管理，更不用说“精细化管理”等其他相对复杂一些的

科学管理技术方法了。又如，对现代烟叶烘烤的工程特征、系统特性、技术特点和烟叶烘烤微管理的关注面很小，重视程度亟待提高，需要尽快引起广泛关注和重视。

由于技术理论滞后，很多烟区烟叶烘烤过程控制技术体系，从技术观念到技术方法，从管理工具到技术执行管控规范，大都没有健全，既不能满足专业化烘烤的实操需要，也不利于专业化烘烤的技术指导。实际上，这也是长期以来我国烤烟密集烘烤管理粗放、技术低效的重要原因。而要改变这种局面，就要对我国烤烟密集烘烤工程技术体系尽快进行科学化、精细化改造。

第三节　我国烟叶烘烤技术亟待加强精细化管理与改造

综上所述，当前要在更新技术观念的同时，创新烤烟密集烘烤过程控制技术体系及相关理论。既要在技术内涵、技术主干、技术关键和技术体系上进行深入研究和改造，又要在技术细节和技术呈现方式上开展深入研究和创新。要通过系统研究，把握烤烟密集烘烤过程控制关键点，织就一张技术网，堵严现有技术漏洞。而要达到这一目的，就需要对现行烟叶烘烤过程控制技术体系实施精细化管理与改造。

一、管理是一门科学，也是一门技术

管理是什么？简而言之，就是指管理主体有效组织并利用有关资源要素，借助规则、计划、资源配置、过程控制等手段，完成特定目标的过程。管理的关键在于资源配置和过程控制。谁的资源配置做得好，过程控制抓得好，谁的管理效果就更好。

资源配置包括什么？人、劳动资料（工具）、劳动对象是生产力的三个物质要素，再加上技术，就是资源配置的四个要素。

科学技术是第一生产力，但技术必须附加和体现在人、劳动资料、劳动对象上，否则就谈不上生产力作用。而管理的功能是配置和组合人、劳动资料、劳动对象和科学技术等要素，并且不管技术水平有多高，都是管理的资源或资源配置对象。就生产力而言，科学管理的作用不但不亚于科学技术，往往还要超过科学技术。这是因为，科学技术的每个新突破要想带来一系列产业、效率的变革，都要借助管理的支持。只有把管理做实做强，新的技术突破才能不断出现，新的技术成果才能迅速有效地转化为现实生产力。

我国烟叶烘烤目前缺乏的就是科学管理和管理技术，这使得烟区烟叶烘烤技术设计往往漏洞百出、矛盾重重。同时，烟叶烘烤很多好的技术措施即使布置下去，也很难执行到位。有一个特别典型的例子，就是烤烟的“成熟采收”技术，从 20 世纪 80 年代中后期开始直到现在，想方设法抓了三十多年，但“成熟采收”仍是目前烟叶烘烤的一个薄弱之处。这就说明，一项再好的技术，如果得不到科学的管理和相关技术资源的合理配置，就很难真正落地。

二、精细化管理是现代烟叶烘烤微观管理的最佳选择

（一）精细化管理的基本概念

精细化管理是一种管理理念和管理技术，是通过对规则的细化及系统化，运用程序化、标准化、数据化及信息化手段，使组织管理的各个单元能够精确、高效、持续运行。

精细化管理是社会分工的精细化及服务质量的精细化对现代管理的一种必然要求，是建立在常规管理基础上并将其引向深入的基本思想和管理模式，是一种以最大限度减少管理所占资源并降低管理成本为主要目标的管理方式。

（二）精细化管理的思想渊源和理论发展

1. 精细化管理智慧最早见于中国古代

春秋时代的思想家、哲学家、道家学派创始人老子在《道德经》第六十三章中说：“图难于其易，为大于其细。天下难事，必作于易；天下大事，必作于细。”意思就是：解决难事要从还容易解决时去谋划，做大事要从细小处做起。天下的难事都是从容易的时候发展起来的，天下的大事都是从细小之处一步步形成的。接着，《道德经》第六十四章说：“合抱之木，生于毫末；九层之台，起于累土；千里之行，始于足下。”这是比喻任何事情的成功，都是从头开始、从小到大逐步积累的。万事开头难，没有开头就不会有结果。任何事情都要积极行动，踏实付出，从一点一滴小事开始做起。

春秋时代的孔子，是中国著名的思想家、教育家、儒家学派创始人。他在《礼记·经解》中说道：“君子慎始。差若毫厘，谬以千里。”意思是，万事开头难，开头必须谨慎，否则，很小的差错，也会铸成最后的大错。他在与门生所著的《论语·学而》中说道：“《诗》云：如切如磋，如琢如磨。”宋代大理学家朱熹注曰：“言治骨角者，既切之而复磋之；治玉石者，既琢之而复磨之。治之已精，而益求其精也。”

战国末期著名思想家、法家思想代表人物韩非在《韩非子·喻老》中曾说:“千丈之堤，以蝼蚁之穴溃；百尺之室，以突隙之烟焚。”还引用老子的思想写道:“有形之类，大必起于小；行久之物，族必起于少。故曰：天下之难事必作于易，天下之大事必作于细。”

由上可见，早在我国春秋战国时期，就有道家、儒家、法家先贤，在阐述事理时深刻体现出了精细化管理的基本思想。

2. 精细化管理理论源于美国，兴于日本，成于中国

精细化管理作为一种现代管理理论，发源于美国。被誉为科学管理之父的泰勒，于 1911 年发表了《科学管理原理》。《科学管理原理》是世界上第一本体现精细化管理的著作，标志着精细化管理从思想发展成为一门管理科学。

日本精细化管理科学的代表作是大野耐一于 1978 年 3 月出版的《丰田生产方式》。该书提出的“日本精益生产思想”，对精细化管理思想的发展成熟起到了决定性作用。

后来，爱德华兹·戴明于 1982 年发表他的代表作《转危为安》，成为精细化管理理论发展成熟的重要标志。戴明精细化管理理论的基本观点是“为质量而管理”，“质量是产品和服务满足顾客需要的程度”。他认为无论是企业还是政府机构出现的各种问题，管理层都要负九成责任，管理被提到了很高的位置。他还强调，任何科学的管理都应强化细节管理，要持续不断地改善计划、生产和服务的每一个环节。

实际上，最早将精细化管理作为现代企业管理工具，真正成为现实生产力的是日本丰田汽车公司，尤其体现在丰田的生产方式和管理模式上。

丰田管理模式的基本特征是精益化管理。“精”就是精细，把细节管住，让企业所投入的每一分钱、所组织的每一项活动、所聘用的每一个员工，在每一个时刻都处于一种受控状态。将过程管住，并控制过程，保证结果。用数据说话，精准控制。“益”就是有用、有效，杜绝一切浪费，避免任何不能产生效果、效益的投入发生。丰田管理模式蕴含的精益化管理理念和管理方式，有许多独到之处，渐渐引起我国学者和企业经营管理者的兴趣，但多被借鉴用于企业管理。为更好地适应中国国情，尤其要从根本上改变我国企业长期存在的“粗放式”痼疾，将精益化管理凝练定型为“精细化管理”。自 2005 年起，我国理论界日益关注精细化管理，精细化管理逐渐普及开来。这不仅是我国企业管理改革的需要，也是

我国政府职能与工作方式转变的需要。近十多年来，我国政府在方方面面都大力推行精细化管理，但与政界相比，企业界还有一个明显不同现象，即企业界大多不仅仅提倡精细化管理，还提倡精益化管理。如 2013 年以来，我国烟草行业尤其是工业企业一直大力推行精益化管理。

（三）精细化管理与精益化管理的异同

首先，精细化管理与精益化管理在管理思想和管理技术上有很多相似、相通之处。例如，二者都强调企业产品生产或经营管理以客户为中心，都强调企业产品生产或经营管理目标着力追求高质量、高效率和高效益，都强调具体工作要精益求精、尽善尽美。其实，二者都可看成是一种理念和思想，而且将这些管理理念与思想付诸实践时，可形成一种特有生产方式或管理模式。但细看二者也有明显不同。

一是理论起源不同。

精益化管理产生于现代工业生产过程中，是对丰田生产方式的总结与提升。而丰田生产方式是市场多变所引起的一种生产方式与管理方式的变革，其本质是通过消除各种形式的浪费（包括防呆、防错），不断提升价值流效率。其核心理念和思想主要是，由顾客确定产品价值结构，变“成批大批量移动”为“单件流动”，生产（量）由顾客拉动，消除产业价值链上的浪费。

精细化管理来源于国内，是在深入分析我国企业面临的现实挑战的基础上，系统整合国际科学管理理论和现代管理思想（包括泰勒、大野耐一、戴明）而提出的一种管理思想和理论。精细化管理着重强调将管理对象逐一分解并转化为具体数字、程序和责任，使每一项工作都能看得见、摸得着、说得准，使每件事情都有人负责，每个问题都有人解决，每项工作都能做实，最终，高水平地完成工作任务，高质量地达成预期目标。

二是着力重点不同。

精益化管理强调在确保产品质量好的前提下，生产中尽可能少投入、少消耗、少耗时，打造无中断、无迂回、无等待、无返工、无库存的价值流活动，追求的是低成本、高效益和应对市场的高敏捷性。

精细化管理的“精”，是强调做事态度精心，做事过程精密，做事结果精良（精品），整个过程都要做到精益求精。其中的“细”，主要针对工作方法，强调在执行任务过程中，要细分目标、细化过程、关注细节，使每一项工作都能朝着预定目标和正确方向落实到位，从而发挥各种可用资源的最大效益。

三是适用对象不同。

“精益化管理”主要适用于大批量生产的国际型企业，尤其能使这些企业有效应对国际市场的快速变化，而且企业专业化分工程度愈高，精益化管理就愈能奏效。相对而言，精细化管理着重解决怎样将工作做好、做实、做到位，这对大型企业（尤其国际型企业）来说早已成为过去，只有现代化生产水平较高而管理水平较低的企业或某些业务领域（如烟叶生产、烟叶烘烤），才真正需要精细化管理，而这恰恰切中我国大量企业的实际。

（四）精益化管理与精细化管理对我国现代烟叶烘烤技术改造的适用性

精益化管理对解决我国当前烤烟密集烘烤的技术问题和技术管理问题有一定的间接指导意义，而精细化管理着重是怎样将工作做实、做到位，这对许多大型企业尤其国际型企业来说早已不是重要问题，但对现代化生产水平较高但现代管理水平极低的我国烟叶密集烘烤来说，不啻是一剂灵丹妙药。

改革开放以来，我国有很多企业在管理实践中引入了精益思想和精细化理念，他们结合实际加以运用，逐渐形成了自己有特色的管理模式，如海尔集团的“日事日毕，日清日高”管理模式。同期，我国烟草行业（尤其工业企业）也很重视生产实践中的精益思想和精细化理念，如在全面质量管理中强调“质量不是检验出来的，而是生产出来的”；在六西格玛管理中要求不断进行质量改善以达到减少质量波动的目的；在卓越绩效模式中强调“以顾客为关注焦点”和“以结果为导向”等。这些都与精益思想或精细化理念有着密切联系。

可见，讨论精益化管理与精细化管理的异同之处，主要是出于理论需要，以便有侧重地针对性地指导实践，因此不能在二者之间立起藩篱，更不能使二者相互排斥。

三、精细化烟叶烘烤

（一）精细化烟叶烘烤的基本概念

精细化烟叶烘烤是将精细化管理理念及有关方法、工具有效融入烟叶烘烤技术体系，并通过规则系统规范人们的烟叶烘烤行为的技术活动或运行模式。

（二）精细化烘烤是现代烟叶烘烤的发展趋势和必由之路

现代管理学认为，科学化管理有三个层次：第一个层次是规范化，第二个层次是精细化，第三个层次是个性化。

自2000—2010年大力推广密集烤房以来，我国烟叶烘烤进入现代烘烤时期，并很快进入规范化阶段，但由于多种原因特别是相关资源配置难以跟进到位，密集烤房仅仅作为一种烟叶烘烤现代设备在推广应用（包括集群化建设与管理），其性能优势并没有得到很好的发挥。生产上，不仅老问题“坏次烟现象”，如青黄烟、微带青烟、杂色烟、花片烟、烤红烟、洇筋烟等经常可见，新问题“坏次烟现象”，如“烧片（心）”、烟叶正背面色差过大、结构紧密、组织僵硬等隐性烤生问题，也常常令人困扰。

为解决上述问题并促进烟叶烘烤的现代化发展，我国在大力推广密集烤房及其集群化建设的同时，引导各地大力推行专业化烘烤。

专业化烘烤是以专业化服务为基本特征，集烟叶采、烤、分、收及资源配置优化与烤烟生产可持续发展为一体的烟叶烘烤组织方式及其运行模式。它将服务、技术与市场结合起来，是我国烟叶烘烤进入21世纪以来的又一重大创新。但专业化烘烤需要专业化技术和专业化管理来支撑，否则就不能达成专业化服务，难以做实，容易流于形式。要解决这一难题，精细化烘烤是最佳选择。

这是因为在烟叶烘烤技术领域，精细化烘烤是与时俱进的科学烘烤，是专业化烘烤的内在支撑，同时，要使我国现代烟叶烘烤尽快走上“精益生产”之路，首先就要尽快解决方法论问题，没有精细，就没有精益。

四、我国现代烟叶烘烤需要什么样的精细化烘烤技术体系

现代烟叶烘烤需要什么样的精细化烘烤技术体系？这是一个重大命题。经过大量研究，我们认为，一套好的精细化烟叶烘烤技术体系，应该符合以下要求。

第一，把烟叶烘烤当作一项系统工程、一套精细化的工程技术体系。在生产一线微观领域，关键是要建立一套“精细化烟叶烘烤过程控制技术体系”。

第二，新体系既能满足当前烤烟密集烘烤的需要，又能适应大面积专业化烘烤乃至将来的工厂化烘烤的需要。

第三，新体系要强调科学的目标管理，实施动态的系统管理，具有完整的流程管理，可进行细致的过程管理。

第四，新体系要注重现场管理，能实时进行信息互动。

第五，新体系既能高水平完成烟叶烘烤任务，又能持续循环改进。

第六，新体系既能称职于烟叶烘烤，又能促进烟叶培植，提高烤烟生产整体

水平。

第七，新体系要有“精、深、细、透”的技术追求，“精、严、细、实”的技术理念，“精、预、细、准”的技术特征。

第八，新体系应该是从烟叶烘烤理念到烟叶烘烤具体技术，从烟叶烘烤管理思想到烟叶烘烤管理方法，从科学技术到科学技术与科学管理的有机融合，并由烟叶烘烤系列规程承载现代烟叶烘烤技术思想和技术指南。

五、精细化烟叶烘烤与烤烟贯标及 GAP 生产的关系

为建好精细化烟叶烘烤技术体系，推进烤烟精细化烘烤，我们研究了 2000 年以来涉及我国烟叶烘烤技术改造的烟叶生产重大行动及管理主张。

2003 年，我国烟叶生产开始导入 ISO9000 质量管理体系，此后全国多地特别是在烟叶生产标准化示范基地深入开展贯标活动。2004 年，我国烟叶生产开始引入 GAP（Good Agricultural Practies，良好农业规范）概念，从 2005 年到 2014 年，烟叶 GAP 试点从最初若干地区的若干试点，扩展到一百多个特色烟叶基地单元。

我国烟叶生产实施 ISO 质量管理体系和 GAP 生产管理的基地单元的起步、发展与普及过程，也是我国着力推广密集烤房和快速普及密集式烟叶烘烤的过程，无论 ISO 贯标还是烟叶生产 GAP 管理的推进，都对我国烤烟密集烘烤的技术进步和管理思想的逐步介入起到了积极作用。

我们期望的“精细化烟叶烘烤”，应当采取精细化技术理念、管理思路和技术呈现方式，指导当前和今后一个时期烟区烤烟密集烘烤实践，旨在解决我国烤烟密集烘烤普遍存在的技术转化率低、执行力低、到位率低的“三低”难题。2004 年以来，我国烟叶生产着力实施 ISO 质量管理体系，有力推行 GAP 管理，对烤烟密集烘烤观念更新和技术进步在一定程度上产生了良好影响。ISO 质量管理体系中许多国际先进质量管理理念（包括采用“PDCA 循环”的质量哲学思想）及其精细化过程管理与控制方法，对精细化烟叶烘烤具有直接指导意义；烟叶 GAP 生产中注重过程管理、监控关键环节及其追本溯源的管理主张与做法，为实施精细化密集烘烤提供了很好的借鉴。

六、精细化烟叶烘烤与近几年行业倡导的烟叶精益生产的关系

2013 年起，国家开始关注烟叶精益生产，着力探索适合烟区实际需要的精益生产模式。

2014 年起，在云南曲靖和楚雄、贵州遵义和毕节、湖南郴州和长沙、四川凉山、福建南平等 14 个基地单元，分环节、分阶段开展烟叶精益生产试点。其中，试点工作将育苗、烘烤、分级 3 个工场的过程性管理作为精准作业的重点，而精准作业首先侧重于“作业流程与标准要求”。

2016 年，全国新增 10 个烟叶精益生产基地单元，每个试点（单元）选择 500~1000 亩集中打造精益生产示范区，以合作社为主体，在 3 个工场、4 个田间生产环节推行工序化生产、工位制作业。在精益生产示范区全面引入精益管理理念，制定烟叶价值流分析表，从“非客户价值导向、流程不当、操作不当、闲置、重复、缺陷、等待、人力资源”等源头，对照烟叶生产重点环节作业工序规范，寻找精益改善的切入点 1~2 项，梳理作业工序，再造作业流程，固化精益成果。

经过一个时期的试点总结和深化提升，我国烟草行业将在全国大范围推进基地单元烟叶精益生产。

精益生产是将精益管理理念和技术方法引入企业生产，并建立相应的技术运行模式。表面上看，“精益管理”与“精细化管理”似乎相似，但二者着力重点和适用对象有很大不同。如前所述，“精益管理”着力重点是在确保产品质量前提下，强调生产尽可能少投入、少消耗、少耗时，打造无中断、无迂回、无等待、无返工、无库存的价值流活动，追求的是低成本、高效益和应对市场的高敏捷性，这对解决我国烤烟密集烘烤当前存在的技术转化能力低、执行能力低和到位率低的“三低”难题只有一定借鉴意义。“精细化管理”着重要解决怎样将工作做实、做到位，这对许多大型企业尤其国际型企业来说早已不是重要问题，但对现代化水平较高而管理水平很低的我国烟叶密集烘烤来说，无疑是全面解决“三低”难题的一把钥匙。

近几年我国烟叶精益生产试点，以烟叶基地单元为平台，围绕“减工降本，提质增效”，全面运用精益管理方法和工具，导入资源利用最大化、成本节约最大化、效率效益最大化理念，将节约资源、减少浪费、流程优化、工序生产、工位作业、班组管理、技术改进等理念融入烟叶生产全过程，逐步把精益生产的理念、方式方法引入烟叶生产，达到技术精良化、作业精准化、管理精细化。

显然，就实践思路而言，行业烟叶精益生产（烘烤）与我们提倡的精细化烘烤有一定相似度，但我们侧重于烟叶烘烤技术体系和技术管理的精细化改造，在目标追求上致力解决我国烤烟密集烘烤普遍存在的技术“三低”的长期困扰，并通过烘烤技术上水平，驱动烟叶质量上水平，带动节能省工上水平，对提高我国烤烟密集烘烤上水平，既有很强的战术意义，又有深远的战略意义。

第四节　百色烤烟精细化密集烘烤“1239”技术模式

2015 年以来，通过工商研合作开展“烤烟精细化密集烘烤技术体系研究及应用”课题，广西百色、河池等地开展系统试验研究，对烤烟密集烘烤过程控制技术体系实施全面系统的精细化改造，在百色烟区打造出一套烤烟精细化密集烘烤“1239”过程控制技术模式。

一、“1”套烘烤理念

精细化烟叶烘烤技术理念由“精、严、细、实”四字组成。

“精”：精通理论，精密思考，精心做事；技术精良，决策精明，控制精准；不断改进，精益求精。

“严”：严格技术要求；严格执行规则；严谨工作；严密管理。

“细”：类别细分，标准细化；过程细密，做事细心；关注细节，管好细节。

“实”：实事求是，实实在在，踏踏实实，不偷工减料，不投机取巧。

上述 4 个方面紧密联系，相互支撑，相互制约，相辅相成，不可分割。

二、“2”类技术规程

1. 主导性技术规程

一共 4 项。包括烤烟精细化备烤技术规程、烤烟精细化采收技术规程、烤烟精细化夹烟装炕技术规程、烤烟精细化烘烤控制技术规程。

2. 辅助性技术规程

只有 1 项，即烤烟密集烘烤远距离信息化互动助烤技术规程。

三、“3”类管理工具

（一）前台八大件

1. 现场三看板

现场三看板是指在烤房群工作区，通过图文并茂的呈现方式，制作一个大看板、两个小看板，使烟叶烘烤关键技术不离左右，随时都可现场学习。

大看板：在烤房群或烘烤工场便于习得之处上墙。主要内容如“SMART 目标导向”“程序化过程管理”“双子型烘烤工艺”“精确化采期预测”“科学化质量检验：烟叶采收成熟度检验和烟叶烘烤质量检验方法”等，一般有 6~8 个小板块。

小看板 A：贴在炕门上，主要包括烤烟成熟的基本特征、烤房适宜装烟量、不同部位烟叶采后成熟烟叶比例要求。

小看板 B：贴在每座烤房的加热室外墙上，与自控器同侧。一般包括烤烟精细化密集烘烤基本工艺Ⅰ、烤烟精细化密集烘烤基本工艺Ⅱ。两种烘烤工艺模式组合，可适于不同部位、不同夹烟方式、不同含水率和不同装烟量的烟叶烘烤。

2. 随身五件套

随身五件套（见图 3–2）是指烟叶烘烤现场主管和线路技术员随身携带的常用工具，包括手机、卷尺、弹簧秤、手电筒和笔记本。借助这些普通工具，随时随地进行烟叶烘烤工序作业的定量管理及定性管理。

图 3–2　烟叶烘烤现场主管随身携带的常用工具（五件套）

（二）运行七表格

为实现烟叶烘烤作业的精准管理，在烟叶烘烤过程控制现场，通过 7 种工作表进行量化管理。分别如下：

烤房设施设备及烘烤物资备烤检查表；

烘烤片区烟田划分登记表；

烘烤片区烟叶成熟状况田间调查记录表；

采后烟叶成熟度检验及鲜烟基本素质记录表；

烟叶夹持装炕记录表；

烤烟专业化烘烤交接班记录表；

烤后烟叶质量考查评价记录表。

（三）后台五方法

1.“6S”管理法

“6S”管理法是在“5S”管理基础上形成的一种管理方法。“5S”管理首先是在日本企业应用，通常包括整理、整顿、清扫、清洁、素养五项。因整理（seiri）、整顿（seiton）、清扫（seiso）、清洁（seiketsu）、素养（shitsuke）的日语罗马拼音均以“S”开头，故简称“5S”。我国企业在引进这一管理方法时，进一步强调了“安全”（英文 safety），故而称为“6S”管理法。

“6S”管理法的基本要义是现场管理规范化、日常工作部署化、物资摆放标识化、厂区管理整洁化、人员素养整齐化、安全管理常态化。“6S”管理法既可用于企业生产现场，也可用于办公场所。将“6S”管理法用于现场管理时，关键是要对生产现场五大基本要素（人、机、料、法、环）进行有效管理，要求员工从小事做起，事事讲究，养成良好工作习惯，提高整体技术素质。该法独特，久久为功，必有大成。因此，精细化烟叶烘烤将其作为现场管理基础。

2.“4M1E+”管理法

如前所述，“4M1E”是指人（man）、机器设备（machine）、材料或物料（material）、技术方法（method）、作业环境（environment）的第一个英文字母的缩写，“人、机、料、法、环”是企业生产现场管理五大基本要素。其中，“人”就是指在生产现场的所有人员；“机”是指生产中使用的各种机器设备及辅助器具；“料”指产品生产用料，如半成品、配件、原料等物料；“法”即技术方法，包括工艺指导书、标准工序指引、生产图纸、生产计划表、产品作业标准、检验标准、各种操作规程及规章制度等；“环”指环境。环境在生产现场管理中必不可少，这不仅因为环境对于生产过程来说不可忽略，还因为环境对生产过程及产品质量起着至关重要的作用。“6S”管理法之所以被广泛重视，就是因为环境管理的基础性作用及关键性作用。

“4M1E”管理法主要用于生产现场问题分析以及工序、流程管理控制上。随着科技发展和生产要求的提高，人们进一步将其拓展为“5M1E”——“人、机、料、法、测、环”，其中的“测”主要指测量（measurement）。此外，有的企业还扩展为“5MEI”——“人、机、料、法、测、环、息”，其中的“息”是指数据资料等各种有用信息（information）。

精细化烟叶烘烤出于量化管理需要和信息化管理的发展要求，更倾向于“5M1E”和“5MEI”管理，为此，还将以上所说的“4M1E”“5M1E”及“5MEI”管理法统称为“4M1E+”管理法。

3.KPI 管理

“KPI”是“关键、业绩（过程）、指标”的英文单词 key，performance（process），indication 首字母的缩写。利用工作表进行量化管理时，烟叶烘烤各工段（序）都有相互关联的关键任务指标，考量这些指标的完成情况（业绩），即可评判每个工序及烘烤全程达标程度。

KPI 在精细化烟叶烘烤中主要用于烟叶烘烤绩效评价（第九章表 9-2 是其应用的基本模式）。烟叶烘烤绩效的常规评价主要是用烤后烟叶上等烟比例或上中等烟比例说话，虽有一定可比性，但由于信息量过于单一，往往存在较大误差。将 KPI 用于烟叶烘烤绩效评价，不仅要看烤后烟叶质量输出信息，还要看烤前烟料输入信息以及烟叶烘烤过程的关键信息，这样的烟叶烘烤绩效评价相对全面、系统和客观，真正体现烟叶烘烤绩效大小。

作为管理技术，在精细化烟叶烘烤中，KPI 既可用作他评，也可用于自评。

4.PDCA 循环管理

PDCA 循环管理是全面质量管理的一种方法。PDCA 是英文单词缩写，P 代表计划（plan），D 代表执行（do），C 代表检查（check），A 代表处理（action）。所谓 PDCA 循环管理，就是按“计划、执行、检查、处理”四个阶段程序化地、循环不止（螺旋式上升）地进行全面质量管理。全面质量管理是 20 世纪 60 年代出现的科学管理方法，PDCA 循环是美国管理学家爱德华兹·戴明首先总结出来的，又称戴明循环。

在精细化烟叶烘烤中，我们不仅极力提倡以“计划、执行、检查、处理”为四个技术程序的 PDCA 循环管理，还倡导以“标准（standard）、执行（do）、检查（check）、处理（action）”为四大技术环节的 SDCA 循环管理。通过四个技术程序和四大技术环节的首尾相接，进行程序化、循环化、规范化、常态化管理，将大大促进我国烟叶烘烤技术和各地烟叶烘烤技术标准的持续改进和不断完善。

5.SOP 作业管理

SOP 是 standard（标准）、operation（作业）、procedure（程序）三个英文单词首字母的缩写。标准作业程序是将某一作业标准的操作步骤和要求以统一格式描述出来，用来指导和规范烘烤作业。精细化烟叶烘烤主张程序化作业及其适度细化和标准化。首先，对烟叶烘烤技术规程进行标准作业程序设计；而后，按标准作业程序进行烟叶烘烤作业。但 SOP 作业管理要因地制宜，适度细化，且逐步细化。如果细化过度，过于烦琐，反而会增加作业难度和影响执行效果。

四、“9”大管理技术

（一）完善流程，程序化作业

1. 完善流程

长期以来，人们一直强调“烘烤”，但对烟叶烘烤的其他环节重视不够，而实践中很多烘烤损失恰恰发生在烘烤之前的诸多环节。同时，烟叶烘烤工艺流程是客观的，是不以人的意志为转移的，但在烟叶烘烤实践中，人们很少重视烟叶烘烤各个环节之间的内在联系和前后联控，使烟叶烘烤流程控制前后脱节，整体效果被削弱，而且往往后知后觉。针对这种情况，精细化烟叶烘烤研究的首要工作之一，就是完善烟叶烘烤工艺流程（见图 3–3），其在烟叶烘烤过程控制中发挥强基固本作用。

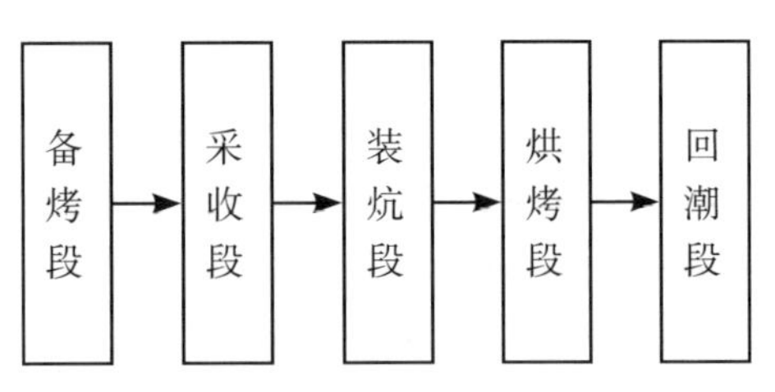

图 3–3　单炕烟叶烘烤基础流程

2. 程序化作业

程序化作业是指按照烟叶烘烤技术工作的内在逻辑关系，确定一系列相互关联的技术作业步骤及活动过程。长期以来，旧式的农事活动往往没有程序意识，表现在烟叶烘烤中不讲程序，丢三落四，违背烟叶烘烤的内在机理和烟叶品质形成发展的规律性，造成烘烤不当。

烟叶烘烤的程序化作业，就是要让人们改变那些做事不讲程序、颠三倒四的坏毛病、坏习惯。就本质而言，烟叶烘烤流程包括烘烤工艺规程，都是程序化作业的一种规定和体现。做事不讲诸事之间的内在联系和时间顺序，都是程序化意识不强的表现。本研究关于烟叶烘烤的程序化作业，不仅在技术文本里，还在技术看板上，以便直观学习、实践。烟叶采收基本程序如图 3-4 所示。

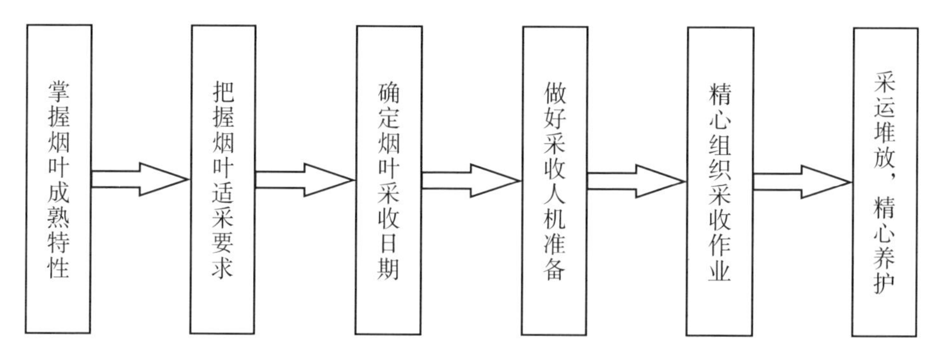

图 3-4 烟叶采收基本程序

田间采烟作业程序如图 3-5 所示。

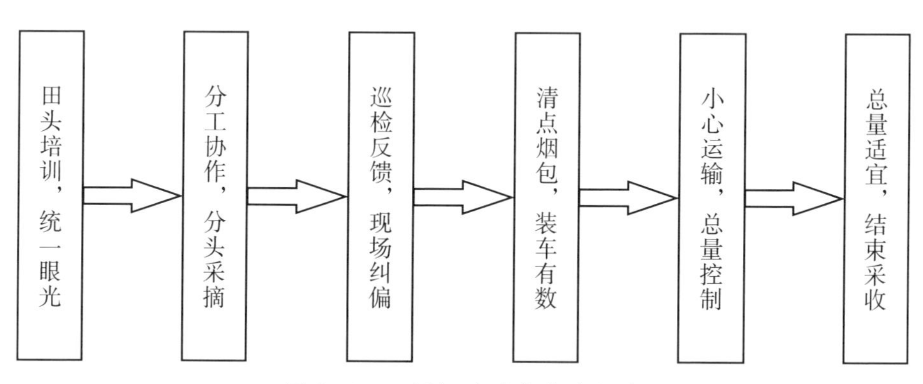

图 3-5 田间烟叶采收作业程序

烟叶夹持基本程序如图 3-6 所示。

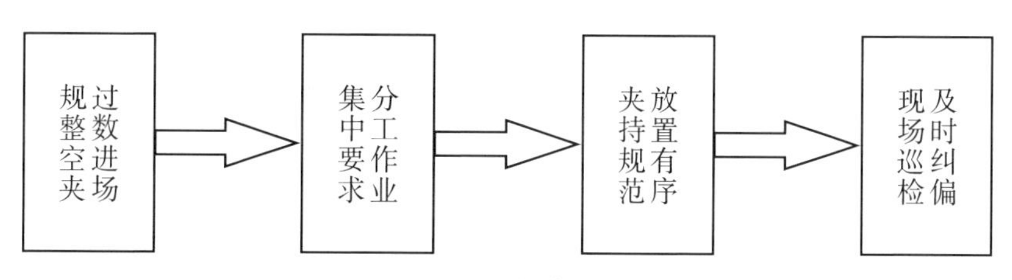

图 3-6 烟叶夹持基本程序

装烟作业基本程序如图 3–7 所示。

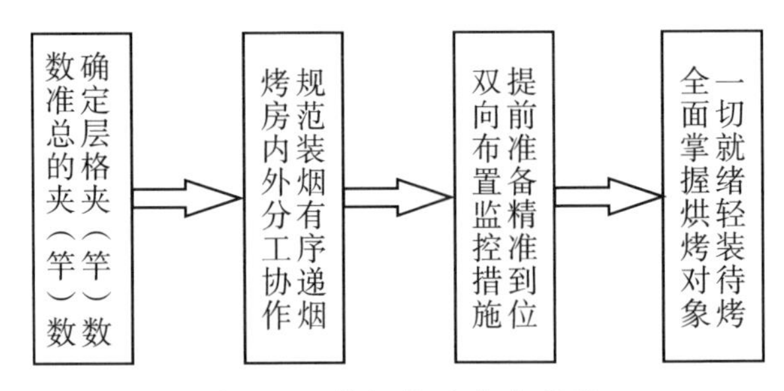

图 3–7 装烟作业基本程序

烘烤作业基本程序如图 3–8 所示。

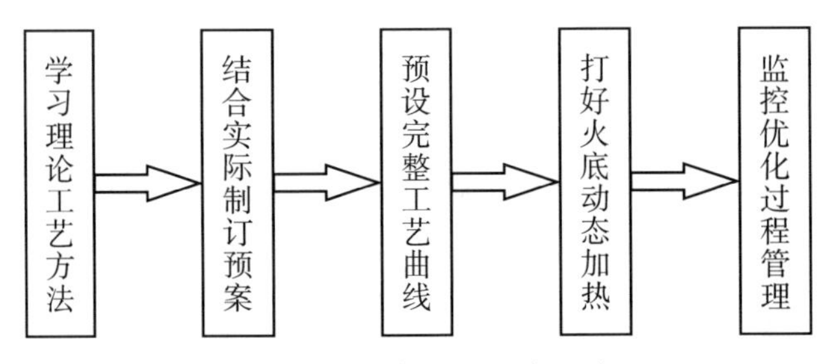

图 3–8 烘烤作业基本程序

程序化控制是烤烟精细化烘烤过程控制技术之要，它不仅能够强基固本，还能有效防止烟叶烘烤过程控制中丢三落四、颠三倒四的现象，少犯、不犯程序错误。

程序化控制体现在烟叶烘烤操作管理的每一个环节（包括 PDCA 循环）。实践中，关键要有程序控制意识，严格进行程序化控制。

（二）科学备烤，源头管理

1. 备烤制式

备烤是指烟叶采烤之前依照“4M1E+”管理法展开的各种技术准备活动。精细化烘烤特别重视烤前备烤，并将备烤活动分为大备烤和小备烤。大备烤指每年烤房开烤之前所要做的各种准备，事务多，任务大，故叫大备烤；小备烤指第一炕烟叶烘烤以后每炕烟叶采烤之前所做的准备，是一种规模较小的备烤工作。无论是对一座烤房还是对一个烘烤集群，每年都要实施一个全程覆盖的长线备烤工程（见图 3–9）。

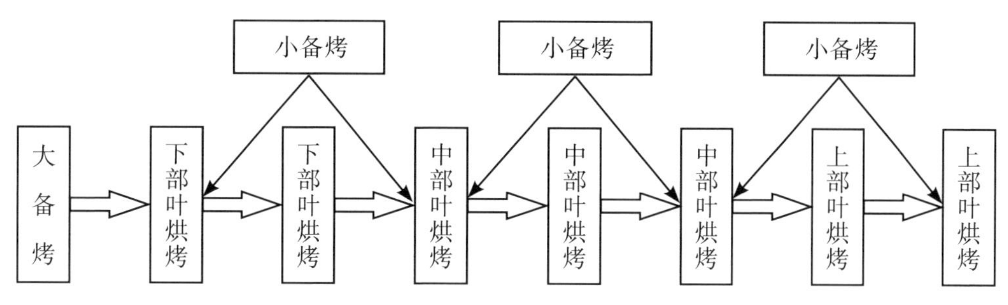

图 3-9　全季大、小备烤关系示意图

2. 备烤目标

总体目标：按照“4M1E+”管理法开展工作，做到全面、及时、到位。

3. 工序基础

图 3-10 能较好地说明烟叶备烤在烟叶烘烤中的基础性和重要性。

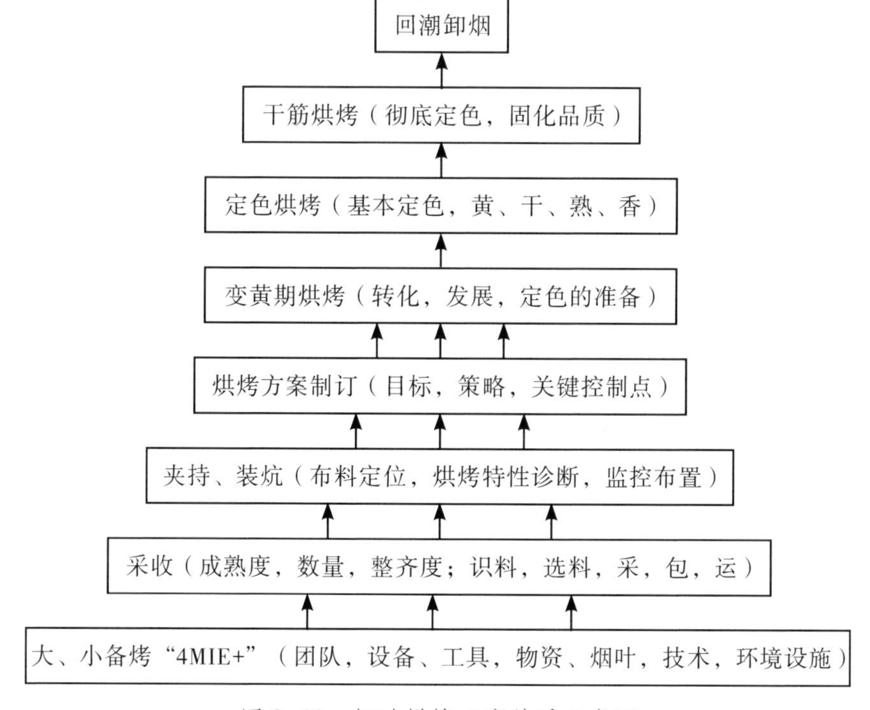

图 3-10　烟叶烘烤工序关系示意图

4. 大备烤

（1）备队伍、备技术

包括基本步骤、总体要求、具体要求（含各类队伍专业技能培训）、完成时间要求。

（2）备硬件

包括集群设施环境要求、烤房要求、物资要求、完成时间要求。例如，开烤前5天，各集群烤房、烘烤设施、配套用具及烘烤物资，必须符合烤烟精细化烘烤硬件备烤验收指标规定，并视实际情况进一步整改，确保烤房、设备、器材提早到位，性能良好，运行可控。

（3）备烟叶

包括任务目标、壮烟指标及烟叶备烤要务。备烟叶还要基于目测将片区烟田进行必要分类，分类后选点，定点监测烟叶成熟进度，做到及时采收、开烤。

（4）备环境

包括主要做法（“6S”管理法）、目标要求及完成时间。

5. 小备烤

小备烤除备足人力物力，确保当天采、当天装，还要抓好以下三项工作。

一是加强大田管护，提高烟叶素质。

二是深入田间调查烟叶，准确指导采收决策，确保各种配炕模式（大户同质化配炕、多户同质化配炕、单户配炕）各批次烟叶适时、适熟、适量采收。

三是检修烤房设施设备，保证烘烤正常运行。

6. 规范备烤

大、小备烤都是技术密集和劳动力密集的技术活动。大备烤要在开烤前30天以上开始着手（能源准备要更早），防止与其他农务活动过多冲突。开烤后，几乎每天都需小备烤。因此，大备烤伊始，就要按照“烤烟精细化备烤技术规程”行事，及早制订备烤计划，使备烤工作走上制度化、规范化轨道。

（三）系统把握，整体管理

1. 基本原理

科学管理的基本原理源于系统理论。它要求管理按系统特征的要求，从整体上把握系统运行的规律性，对管理的前提和各种要素进行系统分析和整体优化，从而达到预期目的。

2. 基本路径

基本路径可通过定性和定量两个角度确定。

从定性角度，通过“目标导向、系统引领、过程管理、定向控制”把握烘烤大局。

从定量控制，通过实施 SMART（SMART 含义见下文）目标导向，构建烟叶烘烤目标量化指标链，借以定向强化过程管理。

3. 目标导向的系统化

第一，确定精细化大备烤的目标要求及其量化指标。如××年××烘烤片区烟田划分登记表、壮烟比例要求、烤房设备备烤目标和烤房设施设备及烘烤物资备烤检查表等。

第二，确定精细化烟叶采收目标要求及其量化指标。包括适量配炕采收指标、适熟配炕采收指标、整齐配炕采收要求等。

第三，确定精细化夹烟装炕目标要求及其量化指标。包括烟叶布局“齐、满、匀、准”，烘烤监控精准到位，全面了解烘烤对象等具体指标。

第四，确定精细化烘烤控制目标及其量化指标。包括总体目标、炕次目标、烘烤各阶段控制目标等。

4. 系统化目标导向必须遵循“SMART 原则”

S：指目标具体、明确（specific），不含糊，不笼统。

M：指目标可度量（measurable），是数量化的或行为化的，有关数据或信息是可获得的。

A：指目标可实现（attainable），有关指标在付出一定努力的情况下是可实现的，但又避免过高设立。

R：指目标之间具有内在相关性（relevant），是相互关联的。

T：指目标具有时限性（time-bound），完成目标要讲时间期限。

5.“目标导向、系统引领、过程管理、定向控制”的基本格局

按以上纵向形成目标链条，烘烤全程前后联控（动）。与横向“4M1E+”相辅相成，充实每个烘烤工段。纵横联控与互动，使烟叶烘烤过程管理成为一种基于 SMART 导向的程序化、协同化、网格化的过程管理，进而实现“系统把握、整体管理”。

（四）关注细节，严密管理

1. 何为细节

细节是事物微观的形态或状态，是一种能够影响全局的细微的易被忽略的物件或行为。

在烟叶烘烤理论设计、技术指导和烘烤操作过程中，存在很多技术细节，这些细节大多隐蔽，不易引起人们的注意，但它们的作用却十分重要和微妙，稍不留神，就会造成烟叶烘烤技术失误，甚至造成整体性失败。

2. 烟叶烘烤细节管理的要求

事事有标准，处处讲规则；事前多思考，力求无欠缺；事中要严密，质量有观测；值班不脱岗，管控不脱节；时空有局限，远程（信息沟通）帮解决。

3. 烟叶烘烤细节的定量把控

为抓住烟叶烘烤过程控制关键点，管好烟叶烘烤技术细节，将整体管理落到实处，我们对在广西开展的精细化烘烤项目烤烟密集烘烤过程控制进行了深入研究，提出《烤烟精细化密集烘烤过程控制关键点400清单》，作为现行精细化烟叶烘烤技术水平测量尺度和技能考评的基本依据。

精细化烟叶烘烤的水平测量、技能考评和绩效评估，不仅可以用于上级测量、考评和评估，还能用于自测、自检和自评。

精细化烟叶烘烤的水平测量、技能考评和绩效评估及其自测、自检和自评，不仅使精细化烟叶烘烤技术水平可以度量、考评和对标，而且可以因地制宜，实事求是地采用相应适合的考评尺度，由易到难，逐渐推进，往纵深发展。

（五）抓住关键，提前管理

1. 提前管理的基本定义

提前管理是指凡事要早计划，早准备，早安排，早落实，不能拖拖拉拉而贻误时机，也不能临时抱佛脚而仓促上阵。

提前管理既是一种管理理念，又是实实在在的管理技术。我们常说抓住关键，但往往抓不住它（如大备烤、烟叶采收成熟度、分类夹烟、精准装炕、烟叶烘烤监控、烟叶烘烤控制等），很多情况下都是因为没有做好提前管理。

2. 提前管理的技术内涵

提前管理的技术内涵，分别体现在建设性和防御性上。

在建设性上，提前管理就是要做到提早计划，提早安排，提早布（设）置，提早准备，提早行动，不打无准备之仗，并夯实基础，及早落实。

在防御性上，提前管理就是要做到早谋划，早预测，早预防，防患于未然，及早遏制不良苗头。

现行专业化烘烤是多方人员共同完成的一种技术密集活动。没有主事者牵头及参与者的共同努力践行提早管理，许多工作就会相互指望、无人过问或无暇过问，结果就会贻误时机。

提前管理还是程序化控制的内在要求。在烟叶烘烤实践中，许多工作唯有践行提前管理，才能确保程序正确，及早操作，及时落实到位。以下是精细化烟叶烘烤诸多技术中需要注意的 7 个方面。

（1）大备烤

一方面，大备烤事务繁杂，往往时间紧迫，一不小心就会延误、耽误许多重要事务。另一方面，大备烤期间农业生产活动繁多，备烤工作很容易延误，导致未做好充分准备，“4M1E”还有严重缺陷时就仓促开烤，结果漏洞百出，造成低水平采收、低水平烘烤。以前不少烟农开烤后屡战屡败，往往就败在大备烤。

（2）小备烤

小备烤的实质是大备烤的延续和补充，同样包括“4M1E”，尤其烟叶的准备（包括配炕）任务很重。实践中，人们往往事前没有配炕意识及行动，采摘期决策误差大，采后烟叶难烘烤，烤后坏次烟比例大。

（3）鲜烟分类

实践中，很多人员不自觉地将鲜烟分类视为烟叶采后技术活动。实践证明，采后进行鲜烟分类，不仅时间投入很多，操作难度也大。但如果采前工作做得规范，采后鲜烟分类就变得十分容易。这在很大程度上与田间烟叶成熟度定点监测和烟叶采收期的精准预测密切相关。

（4）烘烤监控措施布置

在烟叶烘烤活动中，温湿度监控措施的布置是一种炕炕重复的即时行为。在装烟环节，不少人员“脚踩西瓜皮——滑到哪儿算哪儿”，烟叶烘烤的温湿度监控措施的布置和落实，往往存在诸多疏漏。比如，湿球温度传感器水壶忘记灌满水，或忘记及时挂放温湿度传感器，错过规定位点，延迟挂放在不合适的位置，从而导致烟叶烘烤温湿度检测、监控误差。要想温湿度监控措施的布置能及时到位，就必须由专人管理，并提前做好各种准备。

（5）烟叶烘烤特性诊断

烟叶烘烤特性诊断可为制定烟叶烘烤工艺方案提供重要依据。但这项工作时间跨度很大，容易出现技术疏漏，最突出的表现就是诊断行为滞后，没有及时分段把握烟叶烘烤特性，或客观上造成难以准确把握烟叶烘烤特性的尴尬局面。

（6）烟叶烘烤方案（预案）的制定

在点火烘烤前，人们往往没有及早诊断烟叶烘烤特性，或没有及时制定烟叶烘烤工艺方案（预案），或有了烘烤工艺预案但没有设置完整烘烤曲线等，都是没有提前管理的表现，烘烤过程中往往很被动。

（7）烤后烟叶烘烤质量检验

该工作一要规范，二要提前。只有在烤前装烟过程中及时抽样，定点挂放，标记样本，才能在烘烤结束后的下烟过程中取得正确的样本、正确的数据和正确的结果。

在烟叶烘烤实践中，需要提前管理的技术例子（尤其围绕烟叶成熟度和烟叶烘烤过程控制绩效管理）不胜枚举，上述七点只是冰山一角。

【一线传真】2016年在靖西市精细化烘烤示范点上，大备烤全面到位，开烤后秩序井然，第一轮下部烟叶烘烤质量令人满意。在小备烤中，由于对烟叶采收期进行精准预测，确保每一炕烟叶都能适熟、适量、适时采收，采后烟叶比常规做法明显好烤，同时，由于采后成熟烟叶比例大幅度提高，鲜烟分类变得简捷，引起烟农极大兴趣。在烟叶烘烤特性诊断以后，烘烤师们大多能够提前设置完整的烘烤曲线，不仅有助于烘烤师们不断提高烟叶烘烤工艺水平，还有助于烟叶烘烤工艺技术的督导和完善。

（六）精准作业，量化管理

1. 量化管理的理论基础

在生产技术领域中，精准作业方能技术到位。

精准作业包括技术方向精准、技术目标精准、技术定位精准、技术判断精准、时空把握精准、调控程度精准等。因而，既要精确定性、定位管理，又要精准定量、量化管理。

量化管理的基本原理包括科学管理和实证（客观）管理。

2. 量化管理要义

在精细化烘烤实践中，量化管理就是通过指标量化、精准度量及量化检验，精确掌握实际情况，实现精准技术控制。比如，烤房容量的动态精准定量把握、田间适采烟叶的量化测算、采摘过程中对具体采烟量的具体控制、采后成（适）

熟烟叶比例检验、夹持烟叶重量管理、装烟夹距量化管控、装烟总量的精确掌握，以及温湿度传感器的精确定位，等等。

实际上，烟叶烘烤过程中的时间控制、烟叶变化标准、温湿度的测量早已深入人心，得到了普遍应用。

3. 工作表是烤烟精细化烘烤的又一重要量化管理手段

通过一系列工作表的填写和运用，反映精细化烘烤的技术要求、技术基础、烟叶状态、技术状况和烘烤结果。

2017 年，7 种工作表的固化和应用与多套标准化检验指标及方法，使精细化烟叶烘烤实践前所未有地体现了量化管理，既强化了精细化烟叶烘烤的 SMART 目标导向链条，也为烘烤过程绩效管理与评估（KPI）提供了核心依据。

（七）多管齐下，现场管理

1. 现场管理的定义

现场管理是指用科学的标准和方法管理生产现场各种要素，使其处于良好结合状态，以达到“优质、高效、低耗、安全”的生产目的。

现场管理以“6S”管理为基础，以“4M1E+”为基本对象进行协调配置与整合，往往借助可视化、公开化手段进行管理。

现场管理是一个基地单元、一个烤点烟叶烘烤管理水平和烟叶产品质量控制水平的综合反映，也是烟叶烘烤一线主管的管理水平和技术水平的重要标志。烟叶烘烤过程控制失误与烘烤资源的“跑、冒、滴、漏”，均与现场管理不力，导致员工执行力过低有关。现行烟叶烘烤严重疏于现场管理，要迫切加强现场管理。

2. 现场管理的理论基础

现场管理的理论基础包括科学管理理论、标准化生产理论、精益生产理论（包括“6S”现场管理）、精细化烟叶烘烤技术理论（烟叶烘烤工程论、系统论、微观管理技术论）。

3. 现场管理的主要方式

（1）现场主管法

烟叶烘烤现场主管分一线主管和二线主管。二线主管通常是烘烤工场或烤房群的线路技术管理员；一线主管通常是烟叶采烤的专业队队长及某重要成员，通常设置为 AB 角（明确 2 人，A 角为主，B 角为辅，任何时候至少有 1 人在岗理事），通过 AB 角管理各种烟叶烘烤作业现场。换言之，即在不同的烘烤作业现场，都设有 AB 角现场主管，保证现场管理的全覆盖和不间断。进入烘烤控制阶段也是如此，每个烘烤班次都有烘烤现场的 AB 角主管，且烘烤队队长全程作为现场主管之一。

（2）现场目视法

主要由一线主管进行，包括田间烟叶素质的目视判断、烤房设备的目视评估、采烤工艺的目视管理、烤后烤房不同区域烟叶烘烤质量的目视检查等。其中，采烤工艺的目视管理狭义地包括田间烟叶采收质量目视管理（采前、采中、采后）、采后烟叶夹持质量目视管理、夹后烟叶存放质量目视管理、烟叶上炕分布质量目视管理、烘烤过程控制质量准时监控等。

目视管理往往结合公示、公告、标识、看板等可视化工具，使人一目了然。

（3）现场培训法

对重要技术环节，一线主管首先现场讲授“单点课”，按照“5W”逻辑进行培训，必要时具体进行操作演示，在大家准确掌握技术要求和实操技能后，就所有作业人员做出合理分工安排，就人员职责做清晰交代，达成良好技术沟通。

在确定分工并分头作业后，每个独立操作人员就是最前沿、最具体的现场主管。

（4）现场巡查法

通常由一线主管负责进行。首先进行技术巡查，及时纠正技术错误；其次开展技术质量检验，主要是结合抽样调查，开展以技术标准为准绳的烤房设备质量检验、以成熟度为主要内容的烟叶采收质量检验、以竿夹重量为主要指标的烟叶夹持质量检验等。

（5）现场分析整改法

现场巡查结合技术质量检验，发现问题要现场分析，并立行立改，同时，在 PDCA 循环的最后一步，要做好必要记录，保存技术资料。

（八）远距离信息互动，微信群辅助管理

1. 基本做法

制定《烤烟密集烘烤远距离信息化互动助烤技术规程》，指导并规范烟叶烘烤过程控制现场实情的电子信息采集及其远距离交流互动与管理。

基于上述技术规程，生产中烟叶烘烤一线人员与有关技术管理人员可根据业务需要，及时采集或发布电子信息，反映烟叶烘烤现场的实情实景或技术要求。通过微信平台的信息交流与互动，切实加强烟叶烘烤的远距离技术求助和技术督导，继而进一步提高烟叶烘烤过程控制技术水平。

通常，信息交流主要在一线主管与二线主管间进行。首先，一线主管在遇到技术疑难问题时，可采集作业现场的电子信息，及时准确上传信息，进行远距离技术求助；其次，二线主管对某些重要技术环节或关键技术进行督导，往往要对一线主管提出远距离信息互动要求，以及时掌握现场情况，并给予必要的技术指导。

遇到特殊气候年份或有重大烘烤技术活动时，不仅上下级之间需频繁进行远距离信息交流，同级烘烤主管也要借助技术平台加强相互技术交流与互动。

2. 工程意义

长期以来，烟区烟叶烘烤期间，由于技术管理人员（尤其是线路技术管理员）必须采用轮回指导工作方式和保证正常休息时间等，烟叶烘烤技术咨询与督导一直存在很大的时空矛盾，而远距离电话沟通又难以满足实际需要。

近年来，随着智能手机的普及和自媒体技术的发达，通过微信平台的交流互动，能使远距离信息交流更加频繁且明显直观，上述时空矛盾大大缓解。

3. 理论基础

信息是客观世界各种事物特征与变化的反映。

信息化是指培养、发展以计算机等智能化工具为代表的新生产力，并使之造福于社会的历史过程。

信息化管理是帮助企业或企业技术活动顺利达标的一种有效手段。它是一种动态的系统及管理过程。管理信息系统的选型、建立、实施、应用，是一个循环的动态过程。这一动态过程是与企业的战略目标和业务流程紧密联系在一起的。它不可能一蹴而就，而是由简到繁，水平逐渐提高。

【一线传真】2017 年，百色靖西市各精细化烟叶烘烤示范点都建立了精细化烘烤微信群，示范点技术人员在烘烤期间经常利用手机照相或拍视频，通过微信群进行远距离交流互动。据统计，有的示范点在烘烤期间通过微信群进行了近千条远距离信息的传输与互动，明显起到了远距离信息化助烤作用。

（九）PDCA 循环，持续改善管理

1.PDCA 循环管理

在质量管理活动中，依照 PDCA 循环管理的方法，把各项工作按照“做出计划→实施计划→检查计划实施效果→将成功的纳入标准，将不成功的留待下一循环去解决”进行展开。

2. 理论基础

全面质量管理理论、持续改善理论。

3. 核心工具

戴明环（见图 3-11）。

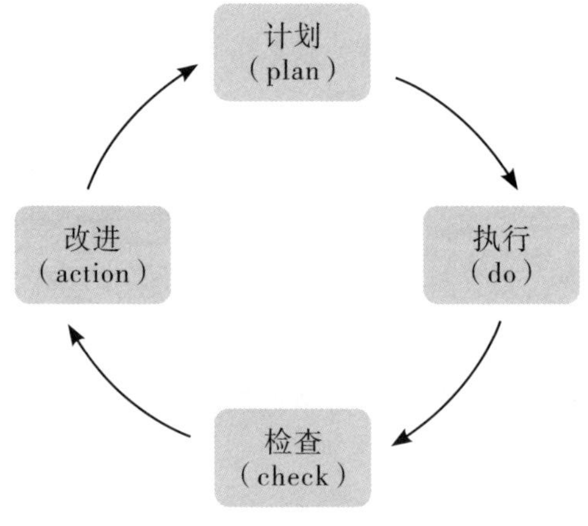

图 3-11　戴明环示意图

4. 重要意义

PDCA 循环是质量管理的基本方法、全面质量管理的思想基础、企业各项工作管理的一般规律。

基于 PDCA 循环的持续改善（精益求精）活动，是精细化烟叶烘烤的技术内涵和重要手段。要使持续改善成为一种技术自觉，打造持续改善机制。

5. 烘烤应用

（1）基本方法

将烟叶烘烤示范技术方案（规程或实施标准）与技术执行、检验、处理（处置）4 个程序首尾衔接，循环联动，结合“4M1E 分析法”“5W 法”等，使烟叶烘烤技术不断固化（标准化），持续改善，逐步完善（见图 3-12）。

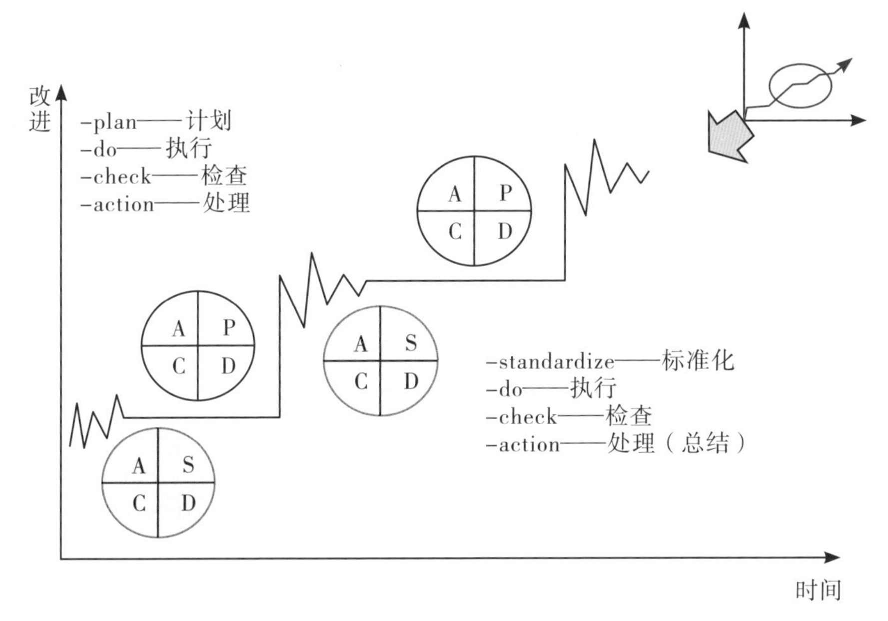

图 3-12 PDCA/SDCA 循环提升

（2）灵活运用

烟叶烘烤各技术环节都需要进行 PDCA 循环和持续改善活动，因而，实践中出现了大大小小的 PDCA 循环。例如，年度烟叶烘烤技术体系的 PDCA 循环、年内不同部位烟叶烘烤技术的 PDCA 循环、烟叶烘烤某技术环节或某些关键技术的 PDCA 循环等等。可见，每年都是大循环套小循环。

【科研传真】 2015 年以来，“烤烟精细化密集烘烤技术体系研究及应用”项目每年都在认真制（修）订年度精细化烟叶烘烤技术指南及工作方案（P），继而认真实施项目方案（D），并对实施结果进行科学检验和分析总结（C），对成功的方面加以固化（A），对存在问题待到下一年度再次进入 PDCA 循环（A）。年复一年，轮复一轮，使精细化烟叶烘烤技术体系逐步完善（见图 3-13）。与此同时，各示范点每年都要通过科学实用的 PDCA 循环法，不断改善不同轮次、不同部位烟叶烘烤技术，不断提高精细化烟叶烘烤技术水平。

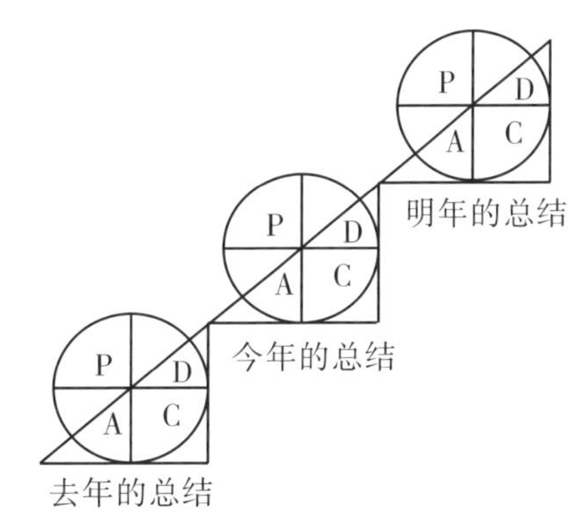

图 3-13 PDCA 循环的持续改善效应

需要强调的是，上述九项管理技术，既是精细化烟叶烘烤的重大技法，也是精细化烟叶烘烤必须具备的思想意识和心智技能。

【链接】烤烟精细化密集烘烤试验示范及技术推广效果

2015—2017 年，在百色市、河池市烟区经过 3 年 PDCA 循环改进，建立了烤烟精细化密集烘烤技术体系及其“1239”技术模式，到 2017 年累计示范 2012 亩，面上推广 3 万余亩。

2016 年整屯示范：在其他条件相同的情况下，东利点示范户群上等烟比例平均为 67.87%，比对照户群平均提高 8.13 个百分点；烟叶均价较对照户群平均提高 1.86 元/千克；烟叶亩产值较对照户群提高 272.13 元/亩。

2017 年多点生产示范：

东利点——上等烟比例平均为 69.94%，比靖西市的平均值高 16.11 个百分点；售烟均价比百色市的平均值高 3.37 元/千克；烟叶亩产值比百色市的平均值高 628.42 元/亩。（东利点烤后绩效在靖西市连续两年位居第一，2017 年下半年百色市局决定开展全市烟叶“对标东利”活动。）

部屯点——上等烟比例平均为 66.53%，比靖西市的平均值高 12.70 个百分点；售烟均价比百色市的平均值高 2.69 元/千克；烟叶亩产值比百色市的平均值高 552.94 元/亩。

那足点——在非烟农户提前要田、上部叶无法成熟采收情况下，上等烟比例平均为 62.56%，比百色市的平均值高 8.73 个百分点；售烟均价比百色市的平均值高 1.29 元/千克。

除外观质量大幅提高，烟叶内质也明显改善：主要化学成分更为适宜和协调，淀粉含量、两糖比值都优于对照；各部位烟叶感官评吸质量均比对照有所提升，香气质、香气量、甜润感明显增强，杂气和刺激性降低，更符合配方要求。

此外，与常规烘烤相比，精细化烘烤的平均煤耗降低 8.67%；烘烤技术到位率逐年提升。2017 年示范区烟技员技术指导到位率平均提升 27.41%，烟农技术落实到位率平均提升 45.10%。

值得指出的是，获得以上烘烤绩效，只需改变烟叶烘烤技术方式，相应加大精力投入，而很少需要额外资金投入。由于烘烤绩效很高，2018 年广西百色、贺州烟区全面推广精细化烘烤技术。2017—2018 年，在广西烟区已累计推广应用烘烤了 15.5 万亩烟叶。仅就烟农收入而言，如果每亩平均提高 500 元，即可累计增收 7700 万元。

第四章　精细备烤，打好基础

第一节　备烤的意义

精细化备烤要求在每一炕烟叶采烤之前，充分做好后续各工段的“4M1E+”的准备，确保优质、高效烘烤。

一、备烤是烟叶烘烤工程的奠基之石

从一个烘烤集群来看，大备烤是一个植烟片区或烟叶农场一个年度烟叶烘烤工程的首要环节。小备烤是每一次烟叶烘烤的首要工段。大备烤事关整个烘烤集群的“4M1E+”各技术要素及整个烘烤体系的健全与完善，是年度烟叶烘烤绩效的奠基之石；小备烤则事关一炕烟叶烘烤的“4M1E+”各技术要素以及一炕烟叶烘烤的健全与完善，为每一炕烟叶优质、高效地烘烤保驾护航。

烟叶烘烤基础流程包括备烤、烟叶采收、夹烟装炕、烘烤控制、回潮卸炕等工段，每个工段都很重要，“万丈高楼平地起”，打好基础最重要。按照程序化管理原理，没有备烤工段或备烤工作不到位，就会在后续工段出现大量技术漏洞，而且这些漏洞过期难补。

传统的备烤一般着重于烘烤设备维修和烘烤物资的准备。精细化烘烤则围绕“4M1E+”进行全面备烤，为科学烘烤打下坚实基础。所以，传统的备烤远远不及精细化备烤效果出色。

二、备烤是烟叶烘烤流程及其风险防控的首要步骤

烟叶烘烤时常遭遇技术风险及“一脚踏空”的现象。“一脚踏空”往往导致“$100-1=0$”的严重后果。

备烤只是一个基础工段或基础技术环节，但它影响全季烟叶烘烤质量和效益。对烟叶烘烤流程管理是这样，对烟叶烘烤技术风险防控也是这样。

从备“机”看，工欲善其事，必先利其器。烤房、烘烤设备及设施每年约有3/4以上的时间处于闲置或部分他用状态。“机”在闲置或他用期间可能会遇到许多不定因素，加上材料老化因素，第二年若想复建一套烟叶烘烤硬件体系并且一开烤就想高质量运行，就必须提前安装、维修、试运行、整改，否则，开烤后故

障频发。例如在烟区，屡次出现停电后应急电机不能发电、循环风机反转、传感器装反、热交换器漏烟等令人啼笑皆非的现象。

从备“料”看，好原料才有好产品。从田间打顶开始，烟叶备烤就拉开了序幕，直至最后一炕烟叶采收完毕。其间，应科学加强田间管理，设法培植高素质烟叶，为优质烘烤提供可靠的物质基础。田间管理一旦放松，就会产生大量非正常烟叶，“优质、高效”烘烤就会缩水，甚至失败。

从备“人”和备“技”看，技术是第一生产力，人是第一生产力的第一要素，又是第一生产力的主导者。烟叶烘烤作为一年一度的季节性工程，并不是对上一年烟叶烘烤的简单重复，而是新一轮的挑战。每年真正的烘烤时间只有两个月左右，而在其余时间，业者一般都不从事或不直接从事烟叶烘烤。在新一年烤季来临之前，应该思考烟叶烘烤技术如何准备，各种人员如何配置，以及如何开展培训学习并确保一开烤就能进入理想状态。

三、备烤是对烟叶烘烤过程的主动控制

烟叶烘烤要具有“四前意识”：想在前，做在前，预防在前，落实在前。精细化备烤是烟叶烘烤“四前意识”的最好体现。

毋庸讳言，在常规烟叶烘烤实践中，总是有少部分人员由于各种原因（如个人慵懒以及不懂操作），每年重复出现应付烘烤和被动烘烤的现象。就事理而言，要想在一件事上有所创造和建树，被动远远比不上主动的效果。精细化烟叶烘烤提倡备烤，并要求精细化、规范化备烤，需要提早管理和主动控制。花充足的时间，做充分的备烤，到采收烘烤等工段就会处处称心、事事顺利，实现优质烘烤和高效烘烤。古人云：“磨刀不误砍柴工。”磨刀不仅不耽误砍柴的时间，还能提高砍柴的速度与效率。

四、备烤状态是检验精细化烘烤的重要标准

俗话说，万事开头难。一件易事难以检验一个人的技术水平，也难以衡量一个人的工作态度。备烤工作技术含量高，工作难度大，能不能或是不是在进行精细化备烤，是检验每个烘烤集群专业化烘烤技术能力和技术人员的工作态度的一把标尺。

古人云：“种瓜得瓜，种豆得豆。”想要多烤优质烟叶，就要打造优质烘烤过程控制技术体系；而要打造优质烘烤过程控制技术体系，“4M1E+”就得全部配备到位。可见，精细化备烤也是现代烟叶烘烤理念的最佳体现和最好检验。可以

说，将备烤抓“精”了，就能成就凝聚力；将备烤抓“严”了，就能形成战斗力；将备烤抓“细”了，就能产生创造力；将备烤抓“实”了，烟叶烘烤过程控制技术就能切实成为第一生产力。

良好的开端，等于成功的一半。精细化备烤一定要以“精、严、细、实”的技术理念，引领后续烟叶采收、夹烟装炕、烘烤调控等工段的高质量运行。

第二节　全面大备烤

大备烤是每年烟叶开烤之前以“4M1E+”为主要内容的一种规模化技术准备工作。内容包括备好专业队伍、烤房设备、田间烟叶、烘烤技术、加工环境等。

一、备好专业队伍

（一）基本任务

由烟农专业合作社及时组建烘烤专业队，并协助组建采收专业队、烟农互助组和烟叶采收务工队；组建之后，加强培训，提高专业化水平。

（二）目标要求

烘烤专业队人员强干，能齐心协力；烘烤队队长德才兼备、能力强、工作负责；采收队人员充足，队伍稳定。

通过培训，烘烤专业队拥有先进可靠的工艺技术，能满足不同素质烟叶烘烤的需要，掌握对烘烤某些要素、作业质量以及烟叶烘烤质量水平测评的科学检验方法，具有较强的培训、指导和管理协调能力，能将烟草新技术、新要求、新举措落实到本地烟叶烘烤实践当中。

通过培训，采收队质量意识好，规则意识强，业务态度好，实操能力强。

（三）主要措施

1. 通过层级培训机制，规范专业化烘烤人才培训

烟区烟草部门围绕精细化烘烤内容，确定烘烤培训要点，建立规范培训制度，培养有理论、有实操、有指导能力的专业化烘烤人才。

市、县级烟草部门应设有专门的烘烤技能培训基地，通常采取轮训形式，全覆盖式培训整个烟技员队伍。同时，对一线烘烤师进行培训认证。

基层烟叶工作站（点）要仿照市、县模式设立烘烤技术培训（示范）点，结合生产示范和本地实际需要，对所有烘烤专业队成员进行提高式烘烤培训。每个烘烤集群根据需要，对采收专业队或烟农互助组成员进行规范式烘烤培训。

2. 明确烘烤专职岗位，加强岗位责任管理

（1）管理岗位

市、县级烟草部门、烟叶工作站（点）有具体负责专业化采烤管理、先进烘烤工艺推广应用及烟叶采烤监督指导等工作的管理人员，市、县、站三级分别设置烘烤总监、烘烤主监、烘烤主管专职岗位，实行岗位责任制。

（2）采收工

熟悉烟叶采收要求，准确识别不同部位烟叶成熟特征。经烟草部门统一培训、现场考核后，由合作社聘请，安排为烟农提供采收服务。

（3）运输工

由烟农合作社聘请，按照预约信息负责将采收的成熟烟叶，运输至专业化烘烤的指定工作区。

（4）编烟装烟工

由烟农合作社聘请，负责鲜烟叶称重，按照未熟、成熟和过熟标准进行分类编烟，排队装炉（炕）。

（5）专业化烘烤师

从事烟叶烘烤 3 年以上，熟悉烘烤控制设备与仪器操作知识，能够灵活应对各种气候条件下烟叶的烘烤操作，并经烟草部门培训认证合格的烘烤能手。具体分为一级技师、二级技师、三级技师三个档次，其中，一级、二级技师需同时具备烘烤设备、仪器维护技能；一级技师还需具备组织开展烘烤技能培训的能力。

（6）司炉工

由烟农合作社聘请，安排在烘烤工场、集群烤房，在烘烤技师指导下专业从事烟叶烘烤烧火、清灰除渣等司炉操作。

（7）专业烘烤团队

由烟农合作社组建，依托烘烤工场或烤房集群，为烟农提供烟叶采收、鲜烟运输、编烟装炉、烘烤操作、回潮下炕等综合服务的专业化队伍。除烘烤专业队，还有采收（含夹烟装炕）专业队等。采收专业队最好以烟农互助组为主要力量。

3. 通过双线技术督导管理，助力烘烤专业人员履职

制定科学的技术督导管理规范，建立由党支部引领、行业引导、合作社主导、烟农参与的技术督导管理模式（见图 4–1）。

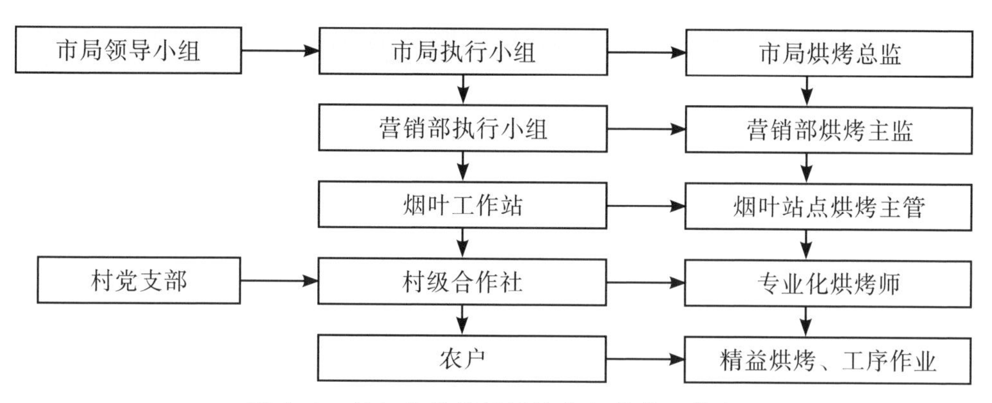

图 4-1　精细化烘烤层级技术督导管理模式

4. 时间要求

（1）队伍组建

烘烤专业队、采收专业队或烟农互助组的组建，应在开烤前 30 天以上完成。

（2）上岗前培训

所有专业化烘烤人员的技术培训要及时满足工作需要，及早安排和落实。应在开烤前 25~30 天完成烘烤专业队的岗前培训及考核；开烤前 5 天以上完成采收专业队或烟农互助组的培训。

5. 质量检验

在理论培训中组织考试和评卷，在实操培训中进行考查和评定。

二、备好烤房设备

（一）任务目标

烤房设备与烘烤设施结构完备，性能良好。

烘烤器具和烘烤物资一应俱全，有序放置。

（二）任务主体

烘烤专业队。

（三）操作程序

1. 制订计划

开烤前 30 天，烘烤专业队应依据“烤房设备设施及烘烤物资备烤检查表”（见表 4-1），制订备烤计划，明确工作内容、质量要求、工作进度和任务分工，做好统筹安排。有条件的请专业公司到烟区开展技术服务。

表 4-1 烤房设备设施及烘烤物资备烤检查表

<table>
<tr><td colspan="3">县、乡、村屯（烤房群）：</td><td colspan="3">烤房号：</td><td colspan="3">气流方向（↓↑）：</td></tr>
<tr><td colspan="2">项目内容</td><td>完成态</td><td colspan="2">项目内容</td><td>完成态</td><td colspan="2">项目内容</td><td>完成态</td></tr>
<tr><td rowspan="4">供电发电电路</td><td>电源稳定</td><td></td><td rowspan="3">进风口</td><td>↓高度合理</td><td></td><td rowspan="6">鲜烟堆夹工作区</td><td>面积充足</td><td></td></tr>
<tr><td>应急发电</td><td></td><td>↑内无障碍</td><td></td><td>相对分区</td><td></td></tr>
<tr><td>线路安全★</td><td></td><td>分风良好</td><td></td><td>照明好</td><td></td></tr>
<tr><td>避雷抗雷</td><td></td><td rowspan="5">百叶排湿窗</td><td>方向正确</td><td></td><td>排水畅通</td><td></td></tr>
<tr><td rowspan="5">房体密封隔热，房顶隔水无水</td><td>墙体保温</td><td></td><td>百叶规整</td><td></td><td>防雨防晒</td><td></td></tr>
<tr><td>墙脚密封</td><td></td><td>润滑灵活</td><td></td><td>地面清洁</td><td></td></tr>
<tr><td>炕顶严密</td><td></td><td>两窗对称</td><td></td><td rowspan="4">烟夹（竿）夹台</td><td>周正端稳</td><td></td></tr>
<tr><td>门窗密封</td><td></td><td>排湿顺畅</td><td></td><td>数量充足</td><td></td></tr>
<tr><td>炉门顶封</td><td></td><td rowspan="4">回风口</td><td>↓有挡叶网</td><td></td><td>配件有余</td><td></td></tr>
<tr><td rowspan="5">加热设备</td><td>结构牢固</td><td></td><td>↓回风顺畅</td><td></td><td>夹位可调</td><td></td></tr>
<tr><td>里外密封</td><td></td><td>大小适宜</td><td></td><td rowspan="3">采烟包装</td><td>材质可靠</td><td></td></tr>
<tr><td>烟囱防雨</td><td></td><td>↑底高合理</td><td></td><td>规格齐整</td><td></td></tr>
<tr><td>排烟顺畅</td><td></td><td rowspan="2">烟架</td><td>中正稳固</td><td></td><td>系绳安全</td><td></td></tr>
<tr><td>炉栅完好</td><td></td><td>密不穿风</td><td></td><td rowspan="3">燃煤</td><td>热值高</td><td></td></tr>
<tr><td rowspan="2">助燃风机</td><td>底座稳固</td><td></td><td rowspan="4">传感器</td><td>纱布软净</td><td></td><td>含硫少</td><td></td></tr>
<tr><td>安装牢靠</td><td></td><td>测温准确</td><td></td><td>结渣性好</td><td></td></tr>
<tr><td rowspan="5">循环风机状态</td><td>水平中正</td><td></td><td>壶不漏水</td><td></td><td rowspan="2">用油</td><td>燃油备足</td><td></td></tr>
<tr><td>支架牢靠</td><td></td><td>就位正确</td><td></td><td>机油到位</td><td></td></tr>
<tr><td>转向正确</td><td></td><td rowspan="6">控制器</td><td>安装牢靠</td><td></td><td rowspan="4">空烤检验</td><td>空烤调试</td><td></td></tr>
<tr><td>没有障碍</td><td></td><td>接线正确</td><td></td><td>烤干地坪</td><td></td></tr>
<tr><td>润滑低噪</td><td></td><td>自检无虞</td><td></td><td>检验整改</td><td></td></tr>
<tr><td rowspan="3">进风门</td><td>正向安装</td><td></td><td>联检到位</td><td></td><td>特点备案</td><td></td></tr>
<tr><td>关闭严密</td><td></td><td>使用电池</td><td></td><td rowspan="2">总体</td><td>设备有备</td><td></td></tr>
<tr><td>转动灵活</td><td></td><td>箱隔水汽</td><td></td><td>消防到位</td><td></td></tr>
<tr><td>整改要求</td><td colspan="8">1. 检查结果：总检项数（　　）；合格项数（　　）；不合格项数（　　）。
2. 整改要求（含完成时间）：</td></tr>
<tr><td colspan="9">注：①“线路安全★”含电源、接线、布线、接地安全。②合格项打“√”，不合格项打“×”，做好问题记录。③遇到本表以外项目（如挂烟竿）或有的项目难以界定时，在表框外另记，并对该不合格项目打“×”</td></tr>
<tr><td colspan="3">检查人：____________</td><td colspan="3">备烤责任人：____________</td><td colspan="3">日期：____________</td></tr>
</table>

2. 具体实施

开烤前一个月，烟区农事繁忙。烤房备烤要一项一项抓紧进行，每做一项，做实一项。通过总体协调和动态统筹，确保在开烤前提前 15 天以上完成烤房设备设施检修及烘烤物资准备，提前 5 天以上完成烤房空载调试。

3. 严格验收

各烘烤集群的烟技员和烘烤师依据“烤房设备设施及烘烤物资备烤检查表”，对烤房设备及设施一一查验。该工作与烘烤环境验收一并进行，确保烤房集群烟叶烘烤硬件体系的检修程序完善，真实有效落地。

4. 整改到位

根据验收结果，对不合格项目逐一进行整改，确保在开烤之前做到：烤房系统完备完善，完全可控；烘烤设施一应俱全，规范有序。

（四）设施设备自检方法

1. 设施检验方式方法

根据烘烤设施配套要求，结合“6S”管理进行自检。以目视检验为主。

2. 烤房检验方式

第一步，先做目视检验，逐一检查和对照。

第二步，空烤调试，全面自检。

在关闭烤房门窗后，点火，开机，逐一检验以下内容。

（1）控制系统

检查传感器导线插头位置，自控器显示状态、按键状态和执行器工作状态。传感器导线插头应正确连接，自控器及执行器应正常运行。

为提高工效，宜先进行自控器的自检。具体见下文“烤房控制器的自检方法”。

（2）烤房供热能力

点火后关闭冷风进风门，设定以 6℃ /h 的速度升温至 70℃，如果按照设计速度顺利升温至 70℃，说明烤房供热能力能够满足升温要求。

（3）烤房密封性

烤房无裂缝，不漏气。在供热能力检测中，借助纸条和打火机等物品，查看烤房正压区和负压区密封性。

（4）烤房内外循环切换

先看内、外循环切换是否正常；后看完全内循环时（干球温度设为 48℃，干湿差设为 0℃），冷风进风门是否处于全封闭状态（以全封闭、外循环零通过为标准）。

（5）烤干地坪和墙体

维持干球温度 48℃，半开冷风进风门，直到烤房地坪和墙体干燥。

（五）烤房控制器的自检方法

1. 自检目的

检验控制器的状态（显示 / 控制）和相关功能是否正常。

2. 操作方法

进入自检状态：此时，“运行”和“设置”指示灯同时闪亮。

运行 / 停止键：用于全显示和不显示等状态切换，便于发现液晶屏故障。

设置键：启动 / 停止屏上所有数字，从 0~9 循环显示。

“左向三角形”键：用于打开 / 关闭循环风机。

“右向三角形”键：用于打开 / 关闭助燃风机。

“+”键：风门方向控制输出开关，按下时风门打开，松开时风门停止动作。

“–”键：风门方向控制输出开关，按下时风门关闭，松开时风门停止动作。

确认键：变频器输出控制开关，开启时，变频器开始工作（使用变频器）。

三、备好田间烟叶

自烤烟打顶开始，将大田烟叶培植管理纳入烟叶烘烤过程控制技术体系。

（一）任务目标

抓好田间栽培管理，培植整齐健壮烟叶。

开展田间烟叶调查，提前做好采烟决策。

（二）任务主体

田间烟叶定向培植：由烟农完成，烘烤专业队指导，线路烟技员督导。

配炕采收调查预测：由烘烤专业队完成，线路烟技员督导。

（三）抓好田间栽培管理，培植整齐健壮烟叶

根据烤烟栽培学原理和烟叶烘烤原理，对田间烤烟适时打顶，合理留叶，优化结构，化学抑芽，手工除杈，调节营养，排水灌溉，加强病虫草害治理，确保烟株个体健壮、群体整齐，田间烟叶分层落黄、适时成熟。

（四）调查田间烟叶成熟度，提高采烟决策精准度

采收成熟度对烟叶品质具有极大影响。目前，我国烤烟生产缺少精准实用的田间可采烟叶定量测算方法，烟农在确定田间烟叶采收期时，长期凭感觉和粗放经验进行决策，往往导致烟叶过熟采收、欠熟采收和不熟采收。粗放的烟叶采收一方面严重影响了田间烟叶的质量潜力，另一方面严重影响了采后烟叶的烘烤特性及烘烤完成的烟叶品质。如今，粗放的烟叶采收已经很不适应烤烟专业化烘烤的实践需要和精益化烘烤的发展要求。为此，我们根据广西烤烟生产实际，总结出一套用于烤烟采收决策的田间可采烟叶精准调查测算方法。该方法通过及时掌握田间成熟烟叶数量及烟叶成熟速度，准确把握烟叶采收期，确保每批次烟叶都能适时、适量、成熟采收，从而切实解决烤烟成熟采收长期难以落实到位的难题，并使烤烟烘烤更加专业化和精益化。

该方法在大备烤期间着手布置，对大备烤而言可精准掌握第一炕烟叶的采收时间，对小备烤而言可以精准确定各批次烟叶的适宜采收日期，并能同时获得烟叶采收量化管理各项指标。为使读者有一个完整的认识，现将该方法系统介绍如下。

1. 对片区烟叶进行分类

打顶后待大多数田块烟株圆顶，通过目视或测量，根据烤烟生长发育的壮、弱、旺程度对片区烟田进行分类（具体方法见后文），将各户各类烟田面积填入“烘烤片区烟田划分登记表”（见表 4–2）。

表 4–2　××年××烘烤片区烟田划分登记表（样式）

项目	烟田总面积（hm^2）	大壮烟（A 类）		中壮烟（B 类）		过旺烟（C 类）		偏弱烟（D 类）	
		面积（hm^2）	占比（%）	面积（hm^2）	占比（%）	面积（hm^2）	占比（%）	面积（hm^2）	占比（%）
××户									
××户									
××户									
××户									
××户									
全片区									
调查人：						日期：			

2. 在不同类别烟田中定点

分别从每类烟田中确定一两个代表性田块。将不同类别烟田分别标记为 A、B、C、D 类（见图 4–2）。

A 类：大壮烟

C 类：中壮烟

图 4–2　对田间分类后定点监测烟叶成熟度

在每个代表性田块中避开田边，深入田中（见图 4–3），确定一两个代表样点，选择连续的 10 株烟叶，并在第一株和第十株顶部做好标记，以便定点追踪调查。

图 4–3　在烟田中间选择连续的 10 株烤烟作观察点

3. 定期调查各类烟田烟叶成熟状态

（1）掌握烟叶成熟特征，区分不同部位烟叶的成熟标准

下部烟叶：叶面褪绿，绿中泛黄至黄绿色；主脉 1/2 以上至 2/3 长度变白，支脉大多明显变白（基部支脉褪绿转黄）。

中部烟叶：叶面黄绿色至绿黄色（常有成熟斑块）；主脉 3/4 至 4/5 长度变白，支脉大多变白发亮（基部支脉黄亮）；叶耳泛黄；茎叶角度接近九十度。

上部烟叶：叶面充分落黄起皱，成熟斑块多；叶耳变黄；主脉基本全白，支脉大多变白（基部支脉黄白发亮）；叶尖起勾，稍有枯尖、焦边现象。

叶基部成熟标志着整片烟叶的成熟（见图 4–4）。

图 4–4　叶基部成熟标志着整片烟叶的成熟

下田观察或采收时，判定烟叶成熟与否，要注意以下两个方面。

一是既要全面把握烟叶总体色调，包括叶片、叶脉颜色，又要重点识别烟叶基部是否成熟。只有烟叶基部成熟，一张烟叶才算真正成熟。

二是注意把握烟叶成熟的典型性与多样性特征。区分不同品种、烟田土壤和气候生态对烟叶成熟特征的影响时，不能按照一个固定不变的烟叶成熟的标准特征来指导鲜烟叶成熟度的判定。例如，前文所述烟叶的成熟特征主要针对云烟系列烤烟品种，K326 品种则需要更高的成熟档次。

（2）开烤之前开始，每隔 3 或 4 天，对各检测点进行 1 次持续追踪调查

从第一轮待采烟叶绿色将褪、尚未成熟时开始，由下而上，晴天每隔 3 天、

雨天每隔 4 天观察 1 次田间烟叶成熟状况。观察后统计各点平均单株成熟叶数，与当前采烤轮次（序号）及“采情备注”，填入“烘烤片区烟叶成熟状况田间调查记录表”（见表 4–3）。

表 4–3　× × 烘烤片区烟叶成熟状况田间调查记录表

观测点	单株平均有效叶数（片）	不同日期 10 株烤烟平均每株成熟叶数（片）							
		月 / 日	/	/	/	/	/	/	/
点 1		（当前轮次）成熟叶数	（　）	（　）	（　）	（　）	（　）	（　）	（　）
		采情备注							
点 2		（当前轮次）成熟叶数	（　）	（　）	（　）	（　）	（　）	（　）	（　）
		采情备注							
最近 3~4 天天气情况（晴、阴、雨、偏晴、偏阴、偏雨或其他）									
注：①观测点指 × × 处 × × 类 × × 代表田烟叶；②“采情备注”主要记录当前各点平均已采叶数（“已采 ×”）或剩余叶数（“尚剩 ×”）；③有关叶数记录，只保留到小数点后一位									

通过上述调查，即可掌握各类烟田成熟烟叶数量、烟叶成熟速度及采收情况。这时，每亩烟田在观察日或其翌日的成熟叶数可由下式算出。

每亩成熟叶数 = 每株平均成熟叶数（片 / 株）× 株 / 亩

4. 调查当前烟叶单叶鲜重

在片区每个烘烤轮次采收了第一炕烟叶以后，称量代表性鲜烟 100 片，求算平均单叶鲜重，以此作为整个片区该烘烤轮次的鲜烟单叶重的基本参数。每个烘烤轮次从第二炕开始，参考该轮第一炕的鲜烟单叶重，估算当前鲜烟单叶重。

5. 确定适宜装烟量，匹配适宜采叶量

（1）提前确定烤房适宜装烟重量

在做好大田烟叶长势和成熟烟叶的调查统计基础上，开展烟叶适宜装烟量与采后成熟烟叶的比例匹配工作。

在烤房规格统一的情况下，烤房适宜装烟量主要因烟叶夹持装炕方式、烟叶耐烤性及水分含量高低而异，例如：

梳式烟夹烘烤：烤房装烟总量通常以3500~4500kg为宜。一般每炕装烟310~350夹（每夹鲜烟净重11.5~13.5kg）。

挂竿烘烤：烤房装烟总量通常在3000~4000kg之间。一般每炕装烟400~500竿（下部叶每竿净重7~8kg，中、上部叶每竿净重9~10kg）。

在上述范围内，耐烤烟叶适当多装多采，不耐烤的适当少装少采；水分小的烟叶适当多装多采，水分大的适当少装少采。但必须达到以下成熟烟叶配炕比例（P）方可采收：

下部叶（P_X）：采烟量符合当前适宜装烟量，且采后成熟烟叶比例在80%~85%。

中部叶（P_C）：采烟量符合当前适宜装烟量，且采后成熟烟叶比例在85%~90%。

上部叶（P_B）：采烟量符合当前适宜装烟量，且采后成熟烟叶比例在90%左右。

（2）提前进行不同配炕模式采收决策

根据田间各点成熟叶数和当前烟叶的单叶鲜重水平，计算每亩烟田乃至应考查的所有烟田到观察日第二天的成熟鲜烟总重量。然后根据具体实际，及时做好采收安排。

大户烘烤：在种烟大户或烟叶农场，当烟田总面积足够大时，几乎每天都要采收烟叶。这种情况下，宜按同炕烟叶同质化原则组织烟叶采收、配炕。这样，要想装满一炕同质化烟叶，只要提前一两天预计某类烟田累计需采面积即可，计算式：

预计需采烟田（亩）= 烤房适宜装烟量（kg）÷ 某类烟田每亩成熟烟叶重量（kg/亩）× P

多户合烤：在非种烟大户或非烟叶农场，有时为了及时采烤（尤其对下部烟叶和上部烟叶），需要多户进行同质化配炕合烤。这时，只要各户同类烟叶采收重量累计符合当前烤房适宜装烟重量，即可适熟适量采收合烤。计算式：

［A户成熟烟叶重量（kg）+B户成熟烟叶重量（kg）…+N户成熟烟叶重量（kg）］÷ P= 当前烤房适宜装烟量（kg）

分户烘烤：在非种烟大户和非烟叶农场，经常遇到分户烘烤，即一炕烟叶全部来源于某一户。这时，可结合最近烟叶的成熟速度及未来几日的天气预报，以壮烟为主、其他烟叶为辅，推算今后三天田间成熟烟叶重量，根据适宜装烟量，明确当前烟叶适于哪天采收。

例：某户种植 25 亩烤烟，行株距 120cm×50cm，每亩平均 1100 株。其中壮烟（大壮烟和中壮烟）面积达烟田总面积的 90% 左右。近期烟叶成熟，天气晴好。当前刚烤到中部烟叶，用烟夹烘烤。当前烤房最适装烟量为 3750~4250kg。测知当前鲜烟单叶重为 70g，壮烟平均每株成熟烟叶 1.8 片。问：当前烟叶在今后哪一天采收为宜？

解：根据已知条件，有

每亩成熟叶数 =1.8（片/株）×1100（株/亩）=1980 片/亩；

每亩成熟叶重 =70（g/片）×1980（片/亩）÷1000=138.6 kg/ 亩；

25 亩成熟叶重 =138.6（kg/亩）×25（亩）=3465 kg；

25 亩可采叶重 =3465（kg）÷P_C=3465（kg）÷85%=4076 kg。

答：根据定量计算结果，该户当前烟叶于观察日的第二天采收最为合适。

上述方法及测算结果，能够准确掌握当前烟叶于哪一天进入适宜采收期，能提前 1~3 天精准指导不同配炕模式的烟叶采收决策，确保让“炕等烟”，不让“烟等炕”，而且能够提高配炕质量。同时，根据量化预测结果，还能准确掌握每株烤烟平均应采烟叶数量，能较好地指导和加强烟叶采收过程管理。

以上方法也适合尚未参加专业化烘烤的烟农户的烟叶采烤活动。

（五）质量检验

1. 大田烟叶质量检验

总体要求：个体健壮，群体整齐，分层落黄，适时成熟。

壮烟比例：烟株圆顶后，按大田烤烟健壮旺弱状况进行分类，壮烟（烟田）比例应达 85% 以上。

具体方法：打顶后，于田间烟株圆顶后至下二棚烟叶成熟期，通过目测、测量手段对片区烟田进行分类，并进一步统计各类烟田（叶）面积比例。广西田烤烟（云烟 87 品种）的分类指标见表 4–4。

表 4-4　广西田烤烟（云烟 87 品种）健壮旺弱分类指标

<table>
<tr><th colspan="2">类别</th><th>烟株基本特征</th><th>备注</th></tr>
<tr><td rowspan="2">壮烟</td><td>大壮烟</td><td>株高 115cm±5cm，茎围 9.5cm±0.5cm，单株有效叶 18 片±1 片。
顶叶 3 片叶长 60~70cm，宽度 20~24cm。
腰叶 3 片叶长 75~85cm，宽度 26~30cm。
下二棚 4~5 片叶长 65~75cm，宽 28~32cm。
株型为腰鼓 - 近筒形，叶姿挺拔，叶色深绿，分层落黄</td><td rowspan="2">①“单株有效叶数”是下部烟叶进一步优化后的情形；
②需综合判定；
③单株有效叶数及叶长宽指标是统计状态，不代表没有超出本指标限度的情况</td></tr>
<tr><td>中壮烟</td><td>株高 105cm±5cm，茎围 9.0cm±1.0cm，单株有效叶 16 片±1 片。
顶部 3 片叶长 50~60cm，宽 16~20cm。
腰部 3 片叶长 65~75cm，宽 22~26cm。
下二棚 4~5 叶长 55~65cm，宽 24~28cm。
株型为腰鼓 - 近筒形，叶姿挺拔，叶色深绿至绿，正常落黄</td></tr>
<tr><td colspan="2">弱烟</td><td>株高、茎粗和烟叶大小明显不及中壮烟，且叶色浅绿，落黄过快</td><td>既看烟株大小、外貌，又看叶色</td></tr>
<tr><td colspan="2">过旺烟</td><td>烟株茎粗和叶长通常大于大壮烟，叶色浓绿，有油亮感，叶姿平披或明显下垂，落黄缓慢</td><td>株高不一定超高，重点关注烟叶大小、姿态、颜色、油亮感</td></tr>
</table>

2. 烟叶采收质量检验

烘烤专业队需对采后烟叶成熟度和成熟烟叶比例进行科学检验，具体方法详见第五章。

四、备好烘烤技术

烟叶烘烤技术方法众多，并以多种形式呈现，如技术规程、技术手册、技术指导书等。这些技术文本不可能年年更新，往往数年修订一次，但实际上烟叶烘烤技术在日益进步，所以，每个烟区几乎每年都要印发烟叶烘烤技术意见，提出新的烘烤技术要求，并通过年度烘烤技术培训予以贯彻和落实，这种措施除可提高业者技术水平外，还能进一步统一烟叶烘烤技术思想和技术要求。

在生产一线，各烘烤集群每年都是在上述背景下开展烟叶烘烤技术准备活动的。

（一）任务目标

仔细学习、深刻领会当地烟草部门新一年度烟叶烘烤指导意见。

结合本地生产实际，做好烘烤集群新年度烟叶烘烤技术准备。

（二）任务主体

烘烤专业队，在线路烟技员指导下完成工作。

（三）主要措施

一是积极参加当地烟草部门烟叶烘烤技术培训，掌握年度烟叶烘烤新要求。

二是结合实际开展本集群的烘烤培训，就大田管理、烟叶采收、夹烟装炕、烘烤控制等方面，对烟农、采收专业队、烘烤专业队分别提出科学、合理、严格、统一的技术要求，使大家"心往一处想，劲往一处使"。

三是通过自力更生或争取上级支持，在烤房及烤房工作区布置大小技术看板，便于烟农、采收队员、烘烤师随时学习巩固烟叶田间管理和"采、夹、装、烤、测、评"技术，也便于各业务现场的技术监督。

四是对"4M1E+"各方面的技术准备了如指掌。基于"4M1E+"，研究当年本地烟叶烘烤特别是开头一两炕烟叶烘烤技术难点。开烤前，对下部正常烟叶及非正常烟叶都要制订科学合理的烘烤预案，使烘烤技术建设与烟叶烘烤的风险防控有机结合起来。

五是开展新技术试验示范工作，安排好精细化田间管理和烟叶"采、夹、装、烤"技术示范现场，打造示范样本，发挥示范效应。

六是完善微信平台建设，充分发挥微信平台信息沟通、技术咨询作用。

五、备好加工环境

（一）任务目标

在完善烘烤设施的基础上，实施"6S"管理，改善烤房工作区环境。做到功能分区、标志清晰、场地整洁、交通方便、排水顺畅、安全卫生，技术资料到位，运行制度上墙，工作氛围良好。

（二）任务主体

烘烤专业队。

（三）主要措施

1. 重视"6S"管理，打好环境基础

"6S"即"清理、整顿、清扫、清洁、素养、安全"，是生产要素现场管理的6个细节，具有很强的自律性，因而通常作为精细化现场管理的6项基础准则。烤烟专业化烘烤要想抓好现场管理，就要重视"6S"管理。在完善备烤烘烤设备

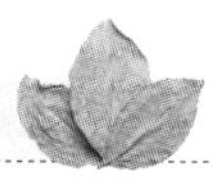

设施过程中努力做到：烘烤集群场地充足、功能分区、标志清晰、交通方便、排水顺畅、整洁卫生、工作安全。而且工作协调，秩序井然，高效运行（见图 4–5）。

图 4–5　烤房集群应该功能清晰、秩序井然

2. 运行管理制度上墙，技术要求呈现到位

在“6S”管理基础上，精细化烘烤需要进一步改善烘烤集群的工作环境。根据内部管理需要，将新一年的烟叶烘烤技术要求及专业化烘烤管理制度，通过大小看板，总分结合，空间定置，整齐上墙。在广西，不仅将精细化烘烤，管理制度集中上墙，还将精细化烘烤新技术、新要求以大看板形式张贴上墙（见图 4–6）。为方便烘烤，还将“双子型精细化烟叶烘烤工艺”（小看板 A）贴在每座烤房的加热室外墙上，与自控器处于同一方位。同时，在每个炕门上贴有不同烟叶的适宜装烟量和采收成熟度的控制标准（小看板 B）。这样既能改善工作环境，又有利于现场技术监管，提高烘烤质量。

图 4–6　用大看板反映新技术新要求

合理呈现技术规范和新技术要求非常重要，但应注意两点：一是这项工作只以满足需求、方便工作为度，不能过于烦琐；二是确保技术口径一致，不能在一个烘烤集群同时出现不同技术标准或口径。

3. 完善值班条件，加强值班管理

大备烤期间，要及早准备值班室，搞好室内外卫生，安排值班管理，调动各有关方面力量，使各项备烤工作及早安排，及早行动，及时落实。

烟叶烘烤环境大多是有形的，但有些又是无形的。有形、无形的良好环境都很重要，二者兼备才能完整体现“6S”管理的内涵实质，并能“润物无声”，展现专业素养与和谐向上的团队精神。

（四）时间要求

开烤前 10 天以上完成烤房工作区的环境备烤。

（五）质量检验

目视检验；自检或他检。

第三节　精细小备烤

在每一轮烟叶烘烤及前后炕间歇期间，都要进行小备烤。小备烤是在大备烤的基础上，对每一炕烟叶采烤之前所做的“4M1E+”的各种准备。相对于大备烤，小备烤工作量有所减少，但作用重大，丝毫马虎不得。

小备烤除需备足人力物力，确保当天采收、当天装炕外，还要着重抓好以下工作。

一、加强大田管护，提高烟叶素质

小备烤的首要工作是发动农户及时管好田间烟杈和病虫草害，及时进行营养调节，促进烟叶营养均衡，雨多排水，干旱灌溉，确保田间烤烟营养协调，健康生长，正常成熟。确保采收结束后，烟株比较干净（见图 4-7）。

图 4-7　靖西市东利村采后烟田少见烟杈

烘烤期间烟区农事活动繁多，烤烟田间管理不能放松，烘烤专业队一定要统筹全局，加强烤烟田间管理督导，确保烟田管理善始善终。

二、深入田间调查烟叶，准确制定采收决策

在每一炕烟叶烘烤及前后炕间歇期间，烘烤专业队每 3 天或 4 天深入田间 1 次，持续开展田间烟叶成熟度的分类、定点调查。根据各批次大田烟叶的着生部位、烟叶大小、成熟环境及水分含量，确定炕次的烤房适宜装烟量和适宜采烟量，结合大田烟叶长势和种植面积对照匹配，精准测算种植大户同质化配炕应采多少面积烟田、多户烟农同质化配炕的采收时间和单户烘烤的采烟日期，并对烟农加强沟通与指导，确保不同配炕模式的各批次烟叶都能做到适时、适熟、适量采收。

以上各类配炕模式的烟叶采收决策指导，必须提前 1~3 天完成。完成效果的检验方法同大备烤。

为保证采收决策的准确性，在每一炕烟叶烘烤及前后炕间歇期间，烘烤专业队还要根据近期天气状况及田间烟叶素质变化，判断下一炕烟叶的烘烤难度和技术关键，如烘烤策略、装烟策略、采收策略等。

三、检修烤房设备设施，保证烘烤正常运行

烘烤专业队依据“烤房设备设施及烘烤物资备烤检查表”及烤房控制器的自检方法，保证烤房和自控器处于完善、可控状态。通常，多关注上一炕烟叶烘烤的遗留问题，如炉膛清灰、换热器内清灰、插座安全、循环风机主轴和冷风进风门轴承润滑、控制器电池电源的正确使用，以及在上一炕烘烤中发现的烤房设备故障隐患的排除和维修。

必须强调，在下部烟叶、中部烟叶烘烤结束后，各烘烤集群都要在线路烟技员的协助下，分别及时总结前期业务，提出对中部烟叶和上部烟叶的备烤要求。

【**管理提示**】2017 年 6 月，广西百色隆林县蛇场烟区一开烤就出现大面积烤坏烟现象，烤点压力很大。烟草部门立即派人前往驻点。驻点人员通过对比调查和归因分析，很快找到了问题症结，扭转了烘烤局面，遏止了烟农损失。而问题的症结，就在于备烤工作不到位。

1. 鲜烟性质没搞清楚，第一炉烟叶盲目采烤

经调查，当地烤烟种植前期干旱，后期多雨，贪青晚熟，个别烟田已有“黑暴”现象，在这种情况下，广大烟农和烘烤师们都没能对大田烟叶整体素质做出准确判断。在烟叶采收上，没有按照烟草部门“越贪青越要在田间多养、越难落

黄越要成熟采收”的技术要求采收第一炉烟叶，而是在烟叶绿色褪淡就采收，同时，又误判烟叶水分量，认为下部烟叶水分很多，因而采烟偏少，装烟过稀，导致烘烤难度很大，出现大量青烟。一看容易烤青，又赶紧“保湿变黄”，没想到保湿过度，最终导致烟叶烤黑。

2. 烤房备烤不到位，设备检修太粗放

在当地烤房群，发现很多烤房设备检修不合格。由于烤房密封性差，导致烟叶烤青；由于装烟室内存放大量杂物，导致烤房内部分风流向不匀；由于温湿度传感器安装不规范，导致烘烤工艺走形。

上述情况表明，当时该地烟农和烘烤师没有充分了解开烤之前的气候条件，对当前烟叶未正确定性，烘烤工艺针对性差，同时，烤房准备也很不到位。

这个案例启发我们：每年的备烤一定要从传统的备物资、备设备，转为“4M1E+”的全面准备，否则，就很难规避烟叶烘烤的技术风险。

第五章　科学配炕，精细采收

烟叶采收是烟叶烘烤的第二工段。目前有手工和机械两种采收作业方式。机械采收既受烟株大小、烟叶成熟度等内在因素影响，又受烟区地势及烟田是否便于机械化作业等外部条件限制。发达国家大型烟叶农场由于生产规模大，劳动力昂贵等原因，普遍采用机械采收。我国已有烟叶采收机问世，但受诸多因素制约，手工采摘仍是目前烟叶采收的普遍方式。本章主要针对手工采烟。

下田手工采烟，通常是群体作业，一人一行，逐行逐株采摘。采摘时，大拇指在叶柄上方，食指和中指在叶柄下方，稍稍侧向用力即可轻松采下烟叶。采下的烟叶通常先堆放在垄间或采收车中，采完一垄或多垄后，再将采后烟叶运至田边打包，装车运往烤房工作区。

第一节　烟叶采收的工程意义

烟叶采收是烟叶烘烤的关键环节。

一、采收决定烟田中每一片烟叶的前途命运

从加工工艺看，烟叶采收是选料行为。采收决定田间鲜烟叶在什么时候被采摘并装进烤房烘烤加工；或被暂留田里，等待进一步养熟再采；或已成熟的烟叶应该被采却漏采，结果老死在田里。

烟叶采摘虽然动作简单，手工操作也很容易，但我们采集的是烟叶烘烤原料，既关系到烤烟大田栽培成果能否得到充分利用，又关系到采后烟叶能否烤出优良品质。烟叶采摘看起来容易，做起来难。

二、采收决定进入烤房的鲜烟素质及烘烤特性

1. 决定鲜烟成熟度

鲜烟成熟度是指鲜烟叶在田间采收时或采摘后已具有的工艺成熟程度。

烟叶成熟有生理学成熟、工艺学成熟和商品学成熟三种概念。生理学成熟是指烟叶经过充分生长发育，在结构建成和干物质积累上达到了完备状态，这时，叶片充分扩展，叶厚和叶重处于高峰状态；工艺学成熟是指烟叶经过充分的生长发育以后，在生理、生化诸方面都达到了调制工艺所要求的程度，这时采摘，烟

叶具有最大的调制潜力和最好的调制特性；商品学成熟是指工艺学成熟的烟叶经过调制，达到了烟草工商业对烟叶产品质量所要求的成熟程度。

在烤烟国家分级标准中，商品烟叶成熟度是指调制后烟叶的成熟程度。商品烟叶成熟度是在鲜烟叶工艺成熟度的基础上经烘烤调制发展（后熟）的结果，分为以下 5 个档次。

完熟：指上部烟叶在田间达到高度成熟，且调制后熟充分。

成熟：烟叶在田间及调制后熟均达到成熟程度。

尚熟：烟叶在田间刚达到成熟，生化变化尚不充分或调制失当后熟不够。

欠熟：烟叶在田间未达到成熟或调制失当。

假熟：泛指脚叶，外观看似成熟，实质上未达到真正成熟。

在正常营养条件下，鲜烟叶的成熟过程通常经过以下 6 种状态。

未熟：叶色鲜绿，叶面积尚未定型，没有调制价值。

欠熟：叶面积已定型，但内含物不充实，叶色浅绿至绿，尚无明显成熟特征出现，调制价值很低。

尚熟：烟叶生长发育至生理成熟，叶片尖边已有成熟特征，叶体厚实，干重最大。烘烤时，这种烟叶如果在炕中定位不当或烘烤不当，都容易出现质量瑕疵。

成熟：即工艺学成熟状态，此时采烤，只要烘烤工艺合理，就有好的烟叶质量。

完熟：主指上部（尤其是上二棚）烟叶达到了高度成熟状态。这时烟叶明显衰老，叶体变薄，干重下降，烤后外观性状往往变差但内在品质很高。

过熟：烟叶达到成熟（包括上部烟叶达完熟）以后，如果没有及时采摘，就会过熟衰老，内含物被大量消耗，叶重显著降低，叶组织出现坏死现象。烟叶越过熟，潜在价值越低，直至归零。

根据温湿度分布的规律性，密集烤房空间绝大多数区域适合装烤成熟烟叶，但低温区最好装入近成熟烟叶，高温区最好装入略过熟烟叶。因此，烟叶采收首先要保证烟叶群体成熟度高度集中在“成熟”档次（上二棚烟叶可达“完熟”），然后是带有很少的“近成熟”烟叶和“略过熟”烟叶，决不能采收“欠熟”烟叶或“过熟”烟叶。

2. 决定鲜烟配炕的整齐度

烟叶烘烤要求相对整齐配炕。配炕能否相对整齐，主要取决于两个因素：一是关乎一炕烟叶来源是否做到同质化。一炕烟叶往往采自20多亩烟田，这么多烟田的烟叶是否经过同质化相配？或者，能否符合同质化配炕烘烤要求？“是”，是人为控制、科学配炕的成果；“否”，是任其自然、放任自流的结果。技术状态不同，烘烤难度与烤后烟叶质量就大不相同。二是关乎一炕烟叶采收的时间跨度。规范要求当天采收，当天装炕。在规范化采收条件下，烟叶采收最多花费半天时间，烟叶鲜活度差异较小或相对一致。如果一炕烟叶像传统时期那样用两三天采完，时间跨度太大，导致烟叶鲜活度及其生理活性差异过大，烘烤起来非常困难，上等烟比例就无法保证。

3. 影响烟叶烘烤特性和调制难度

由于遗传基础、生长环境、营养条件及采收成熟度的不同，烘烤面对着各种素质的鲜烟叶。每一炕烟叶都是数量颇丰的烟叶群体，不同炕次烟叶群体各不相同，这就造成烟叶性质的多样性和烟叶烘烤的复杂性。实际上，即使对于单片烟叶，叶尖与叶基、中间与边缘、叶片与主脉之间，都有明显的素质差异。这些差异反映到烘烤过程中就是各自变黄特性、脱水特性及定色特性的不同。这不仅影响烤后干叶质量，还决定了一炕烟叶的烘烤难度，并对烘烤工艺提出不同要求。人们将烟叶在农艺过程中获得的、在烘烤过程中表现出的这些特性，称为烟叶烘烤特性。

宫长荣等（2006）将烟叶烘烤特性分解为“易烤性”和“耐烤性”两个方面。“易烤性”反映烟叶在烘烤过程中变黄、脱水的难易程度。较易变黄、较易脱水的烟叶，被描述为“易烤”，反之为“不易烤”。“耐烤性”主要是指烟叶在定色过程中对烘烤环境变化的敏感性或耐受性。对定色过程中烘烤环境变化不够敏感、不易褐变的烟叶称为“耐烤”，否则叫作“不耐烤”。烟叶的易烤性和耐烤性是烟叶烘烤特性的两个相互联系又相对独立的方面，有的烟叶较为易烤但不一定耐烤，有的烟叶较为耐烤但不一定易烤。通常，人们把那些既易烤又耐烤的烟叶称为烘烤特性好的烟叶，反之则称为烘烤特性差或较差的烟叶。

遗传因素、生态条件、施肥技术、烟叶着生部位、烟叶成熟度等是决定烟叶烘烤特性的主要因素。采收成熟度是影响烟叶烘烤特性的主要因素之一。

未熟叶尚在生长发育，光合作用仍占上风，变黄难、脱水慢，很不易烤也很不耐烤（极易烤青和烤黑）；欠熟叶生长发育尚未完备，水解活动处于弱势，耐烤性和易烤性仍较差（易烤青、烤黑）；过熟叶过于衰老，变黄快、脱水快，易烤性好，耐烤性差，难定色（易烤黑）；适熟叶衰老程度适中，易烤性和耐烤性都理想，最易烤。

需要强调，大田烟株整齐度和烤前烟叶配炕整齐度对采后烟叶群体烘烤特性具有很大影响。烟叶整齐度差，势必导致不同营养、不同部位烟叶混烤，甚至未熟、适熟、过熟叶混烤，很容易导致烤青、挂灰、花片等烤坏烟现象发生。很多烤房的烤后上等烟比例提不上去，往往就是在配炕工艺上不够认真和严谨。

三、采收决定每炕烘烤对象的群体大小和系统质量

烟叶采收是将很多烟田中的适熟烟叶采摘下来，汇聚成为一座烤房的烘烤对象群体。这是烟叶烘烤对象系统构建的关键性一步。

鲜烟采收量决定每一炕次烟叶烘烤对象的群体大小。采烟过少则装烟过少，不能发挥密集烤房的性能优势；采得过多则装烟过多，又会超出密集烤房的烘烤能力。

采前的同质化配炕水平和采中的田间作业水平，决定采后烟叶成熟度和采后群体整齐度，事关鲜烟叶群体的烘烤矛盾与烘烤潜力，从而进一步决定了一炕烟叶系统质量、烘烤难度及烘烤结果。有关注意事项在前文已述，不再赘述。

四、采收决定烟叶烘烤质量

具有良好成熟度的烟叶，经过烘烤调制才能成为优质商品烟叶。虽然期间要经过烘烤，但采收成熟度对烤后烟叶质量具有很大影响，这已经是业界共识。

1. 采收成熟度影响烤后烟叶外观质量

采烤未熟叶：青色重，色度弱，光滑面积大，叶片弹性差，单叶重较低，油分少，商品质量差。

采烤尚熟叶：烤后叶色呈柠檬黄至橘黄，色度中等，结构稍疏，身份较厚，有油分，但商品质量不理想。

采烤成熟叶：干叶颜色呈橘黄，结构疏松，叶面皱缩，颗粒明显，身份适中或稍厚，弹性好，油分足，光泽强，商品质量好。

采烤过熟叶：干叶颜色转淡，结构松弛，身份变薄，油分较少，色度较弱，红尖较多，质量转差，而且烟叶越过熟质量越差，最终失去价值。

2. 采收成熟度影响烤后烟叶的物理特性

吴付香等研究过不同成熟度对烤后烟叶物理特性的影响，结果表明，烟叶耐破度、拉力、伸长率均以适熟叶最好（见表 5–1）。

表 5-1　不同成熟度烟叶烤后物理特性表现

物理特性指标	耐破度（g/cm^2）	拉力（g/cm^2）	伸长率（%）
未熟	168.74	53.30	5.67
适熟	232.87	82.50	17.10
过熟	201.23	76.00	11.20

3. 采收成熟度影响烤后烟叶的化学成分

大量研究表明，未熟叶总糖、还原糖含量较低，总氮、蛋白质含量较高，化学成分很不协调；尚熟叶总糖和还原糖含量有所增加，总氮、蛋白质含量居中偏高，化学成分趋于协调但还不够好；成熟烟叶总糖和还原糖含量进一步上升，总氮、蛋白质含量降低，主要化学成分较为协调；过熟叶总糖、还原糖、总氮、蛋白质等成分含量均显著下降。

4. 采收成熟度影响烤后烟叶的香味品质

国内外研究均表明，未熟叶香气质差，香气量少，刺激性大，杂气重，味辛辣，余味涩；尚熟、近熟叶余味微涩，杂气、刺激性比成熟叶略重；过熟叶杂气轻，劲头和刺激性减小，但香气量也减少；成熟叶吸食质量最高，香气质好，香气量足，杂气轻，余味舒适，劲头中等，刺激性小，因而，也最能体现各地烟叶质量的风格与特色。表 5-2 是中国烟草总公司青州烟草研究所对不同成熟度烟叶的评吸鉴定结果，可以看出适熟烟叶烤后香吃味最好。

表 5-2　不同成熟度烟叶评吸鉴定结果

（单位：分）

成熟度	香气	吃味	杂气	刺激性	劲头	燃烧性	灰分	排名
过熟	17	17	13	8	10	5	3	3
适熟	19	18	16	8	10	5	4	1
未熟	18	18	14	8	10	5	4	2

综上所述，采收不仅决定了鲜烟叶的生命状态，还决定了鲜烟叶的质量基础、烘烤特性、群体素质、烘烤难度和烤后烟叶质量水平。烟叶采收意义重大，采好采坏效果悬殊。俗话说，“七分采、三分烤”，“会采烟的是师傅，不会采烟的是徒弟”。在烤烟生产中，一定要精心运作，精细作业，切实保证烟叶采收质量。

第二节　烟叶采收的基本原则

自 20 世纪 80 年代中期以来，如何提高烟叶成熟度成为我国烟草农业的中心课题之一，通过广大烟草科技工作者的辛勤努力，烟叶采收新技术、新办法不断涌现，烟叶采收技术水平也有很大提高。但田间烟叶长期以来长得好、采不好的现象依然普遍，严重制约了烟叶质量及烤后上等烟比例的提高。其中原因相当复杂，但主要问题是采收目的不明确，采收方法不科学，技术管理太落后。而要改善这种状态，必须坚持以下原则。

一、配炕采收原则

坚持配炕采收原则，就是要明确烟叶采收的目的，充分利用好田间烟叶，提高烟叶烘烤供料水平，使鲜烟本身更有价值，烘烤过程更加顺利，烘烤结果更有成效。因此，必须做到科学配炕，将科学配炕作为烟叶采收的根本目的。

（一）适量配炕采收

烤房适宜装烟量是田间各批烟叶的适宜采收量的确定前提和限制条件。例如，广西烟区标准的卧室密集烤房，用烟夹烘烤时鲜烟装载总量通常以3500~4500kg为宜，挂竿烘烤时鲜烟装载总量以3000~4000kg为宜。在此基本范围内，耐烤烟叶宜适当多装多采，不耐烤的宜适当少装少采；水分小的烟叶宜适当多装多采，水分大的宜适当少装少采。

（二）适熟配炕采收

适熟采收是适量采收的质的要求。在适量采收前提下，采后成熟烟叶达到以下配炕比例方可采收，即达标。

下部叶：采后成熟烟叶比例宜在80%~85%。

中部叶：采后成熟烟叶比例宜在85%~90%。

上部叶：采后成熟烟叶比例宜达到90%左右。

（三）整齐配炕采收

采后鲜烟叶的基本素质、采收成熟度及装炕前的鲜活度等群体差别必须较小，必须符合密集烤房的烘烤性能，只有将符合这些要求的烟叶装在同一烤房进行烘烤，才能够进行良好调制。

二、计划采收原则

坚持计划采收原则，要遵循以下几点。

第一，当前待采烟叶是什么叶位，有什么状况，适宜装烟量是多少，在采收之前要调查清楚，提前做好计划。

第二，一满炕烟叶要基本同质，同质化烟叶要从哪些田块来，采前必须配置好、协调好。

第三，采满一炕烟叶，需要采自多少亩烟田或每株采摘几片烟叶，采收之前要调查好、测算好。一般而言依照如下公式：

计划采烟总量（片）= 每株可采叶数（片/株）× 每亩烟株数（株/亩）× 应采面积（亩）

在单户烘烤情况下，烟田面积是固定的，关键是要根据田间当前每株可采烟叶数及烟叶成熟速度，推算哪天采收才能满足适宜装烟量要求。

在种烟大户或多户之间同质化配炕情况下，应提前查看田间当前每株可采烟叶数，进而推算应在哪一天采摘多大面积烟田，才可满足适宜装烟量要求。

值得强调的是，精细化烘烤必须实行精细化采收，而精细化采收就必须对集群烤房实行集中调配和统筹使用。否则，烤房周转不过来，就会出现“烟等炕”的被动局面。

此外，无论是科学配炕，还是提前计划，都要强调适度量化和精准。而量化管理的方法和工具（如采后烟叶定量包装和运输控制），也要在采收之前予以定夺。

三、过程管理原则

坚持过程管理原则，可以从以下几个角度理解。

从管理角度讲，要有目标、有计划，并且依靠实施过程来实现。如果没有过程或没有科学的过程控制，再好的目标和计划都会落空。

从工程角度讲，烟叶采收的完整过程应该包括采前准备、采收作业、采收作业质量检验和采收作业质量完善 4 个阶段，它是一个开环工程，但又必须闭环管理。而闭环管理的实质，就是目标导向与过程管理的有机结合。

从生产角度讲，目前生产上，云烟系列烤烟单株有效叶数通常为 17 片左右，而烟叶采收是分期进行的，正常情况下一株烤烟每次平均采收两三片烟叶，但在实际采摘时，很容易产生成熟度偏差，尤其容易偏于采生，从而导致采收成熟度总体水平下降，烟叶采收量大大膨胀。可见，要提高采烟质量、保质保量采收烟叶，必须加强过程控制。

四、全面控制原则

坚持全面控制原则，就是要确保烟叶采收的过程全程可控。

第一，在要素管理上，必须是对“4M1E+”的全面控制，而不是仅对一两个要素的局部控制。20 世纪 80 年代以来我国一直强调成熟采收，但至今落实仍不理想，这就是局部要素控制效果不佳的典型例子。

第二，在量化控制上，必须对采烟数量、质量、时量三项指标协调控制。“三量”之间相互支持、相互制约，只有“三量”协调，才能实现高水平采收。

五、全程养护原则

坚持全程养护原则，要了解烟叶与烟叶采收的固有属性。

烟叶是一种特殊食品和嗜好品。烟叶采收必须远离污染，并防止夹带非烟物质。

鲜烟叶易破损。烟叶破损过多，完整度变差，就会降低烤后商品烟等级。

鲜烟叶对环境条件十分敏感，尤其是风吹、日晒，容易对烟叶产生生理伤害，降低烤后品质。

烟叶采收与烟叶、烟田环境、运输工具（鲜烟包装袋、框篮、车辆等）及堆烟场地关系密切，如果缺少养护或养护工作不到位，烟叶尚未烘烤就已损坏或变质，势必增加烤前损失。

烟叶采收还与烟株本身密切相关。如果采烟操作不当，采一片烟叶就撕下一块茎皮，还没等到采烤上部烟叶，烤烟茎秆就遍体鳞伤，不仅代谢受阻，还容易增加烟草病害。

第三节　烟叶采收的过程管理

一、充分做好采前准备

第一，每隔 3 天或 4 天下田 1 次，坚持不懈地开展田间烟叶成熟度的分类、定点和追踪调查，掌握田间成熟烟叶数量和烟叶成熟速度（详见第四章）。

第二，合理运筹，科学配炕，分类测算，精准确定烟叶适宜采收期，或某个确定采收期需要采收的烟田面积（详见第四章）。

第三，对多户烟农的同质化配炕，要及早做好烟农的思想工作，减少队伍的离心和摩擦，增加凝聚力和战斗力。

第四，做好有关人力、物力和环境三方面准备。

人力方面主要依靠烟农互助组承担采烟、夹烟、装炕任务，通过积极筹措务工人员，用充足的人力共同承担采夹装任务。同时，根据业务需要，开展小型技术管理培训活动。

物力方面主要是采收、运输机具要求数量充足，清洁卫生，规格一致，便于计量。

环境方面除要求采运机具清洁卫生，还要做好烤房工作区采后烟叶堆放场地的准备，尤其做好清洁卫生和烟叶保护工作准备。

二、灵活安排采收时间

（一）适采期内灵活安排采收日

1. 看烟叶

烟叶适采期是一个时段。在这个时段内，烟叶连续数日都处于成熟状态，按说在这期间哪一天都可下田采烟，但不同烟叶耐熟性不同，适熟时段长短不同，采收时间就各不相同。营养较差、耐熟性差的烟叶（如下部烟叶）适熟期短，容易过熟，在其显现基本成熟特征后就应采收；营养好、耐熟性好的烟叶，在其显现基本成熟特征后可缓两三天采收；营养充足、耐熟性很好的上二棚叶，在其显现基本成熟特征后可以延迟一周采收。正因如此，烤烟上部 4~6 叶可在充分成熟以后一次性采收。

在进一步实行结构优化和实际采收过程中，烟株下部叶明显减少，下部烟叶的成熟标准相应有所提高，同时，烟叶耐性也有所变好，所以，要克制过去“抢采下部叶”的做法，严格按照当地技术标准行事。2016 年，某烟区一个小产地采收第一炕烟叶，为赶采收进度，烟叶普遍严重采生，结果，烟叶烘烤损失率普遍达到 30% 以上，有的烤房群的烘烤损失率甚至高达 50%。

2. 看天气

烟叶成熟后的适宜采收时间，还与天气关系密切。

譬如，成熟烟叶如果遭遇长时间降雨就会返青，往往逆转为不适采烟叶。这一情况就要在适采期内灵活安排采收日期。

第一，在正常天气条件下，耐熟性较差的烟叶一进入适采期就要抓紧采烤，不能等待，否则贻误时机。但对耐熟性好的烟叶，可缓两三天采烤，这时烟叶采收成熟度更好，烤后烟叶质量更高。

第二，适采期遇雨，可以雨天采烟，防止烟叶返青生长而耽搁烘烤进度。

第三，如果适采期烟叶遇到长时间降雨导致返青，一定要等当前烟叶重新落黄再采收。但在连续阴雨致烟叶容易坏死的情况下，往往需要抓紧采烤，否则烟叶将烂在田里。

（二）采收日内灵活安排采收时间

第一，安排充足人力，确保“当天采收，当天装炕”。

第二，根据当前烟叶生态类型和采收当日天气情况，灵活确定下田时间。

正常天气，烟叶宜在早上日出后开始采收，以便准确判断田间烟叶成熟度；多雨天气，烟叶宜在上午 10 点前后开始采收，以减少叶表附着水，降低烟叶含水量，以利烟叶烘烤定色；干旱天气，烟叶宜在早上带露时采收，这样可适当增加烟叶水分，以利烟叶烘烤变黄。

三、坚持田间作业程序

（一）采收作业基本流程

田间采烟作业程序见图 5–1。

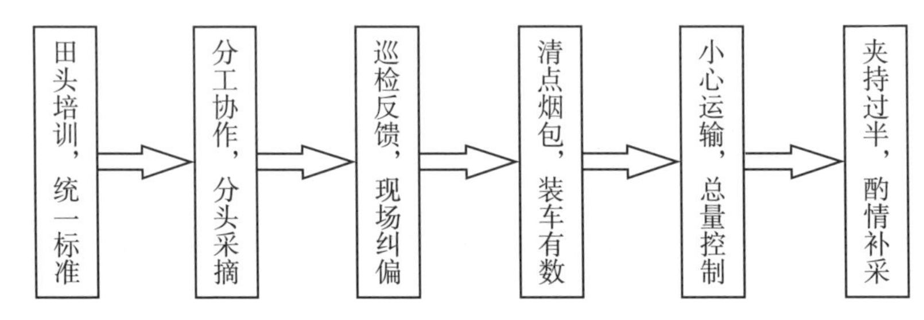

图 5–1 田间采烟作业程序

（二）采收作业关键技术

1. 田头培训，统一眼光

由田间主管做采前现场培训，用实物标准统一采烟人员对成熟度的判断标准，同时安排田间、田内作业顺序和人员分布，防止漏田、漏行、漏株采收，明确采烟、抱烟及采后打包作业分工和衔接，并确保采后烟叶叶柄整齐（见图 5–2）。

2. 分工协作，有序作业

一是明确谁采烟、谁收烟、谁包装、谁计量、谁运输烟叶，每道程序人员清晰，职责明确。

二是垄内采收时对每一株烤烟适熟采收。做到多熟烟株多采，少熟烟株少采，生叶不采，熟叶不丢。

三是垄间采收和田块间采收有序进行，垄间、田间全面覆盖，无缝衔接。

图 5–2 采收时保持叶柄整齐

四是采后烟叶要及时送到田边，打包整齐并装车。

3. 现场巡检，反馈纠偏

第一，由田间主管在采摘现场反复巡检每个人的采收作业质量，包括烟叶采收成熟度、田间行走方式、烟叶采摘方式及叶柄整齐度等，及时纠正技术偏差，切实体现采收原则。

图 5-3　采后烟叶打包整齐并装车

第二，烘烤师要在采后烟叶运到烤房工作区后，及时进行目视检验，并与田间主管及时联系互动，确保烟叶成熟采收。

4. 掌握采叶数量动态，及时终止采收活动

基于采后烟叶包装规格或装车规格，及时掌握采烟量进度，及时做出反馈，适时终止田间采收作业。这样可以防止采烟过少或过多。

四、精心保护采后烟叶

（一）采后包装养护

在田间采烟过程中，要将采后烟叶及时整齐地收拢到田边，叶柄整齐、松紧适度地进行包装和运输，切不可长时间经受风吹、日晒。

采后烟叶包装器材（如麻袋片、框篮）应材质适宜、大小一致。使用宽绳捆扎能很好地保护烟叶，切忌用细绳捆扎烟叶。

（二）采后运输养护

第一，装车时，将叶尖朝里，叶柄朝外，整齐码好烟包（框）。装车后，酌情覆盖，防晒防雨，并尽快运往烤房工作区的指定区域。

第二，烟叶运送到烤房工作区后，要小心卸下烟包，以减少烟叶损伤，摆放时继续保持叶柄整齐。

（三）运后堆放养护

第一，采后烟叶必须堆放在地势高燥的阴凉场所，这样能有效避免风吹、日晒、雨淋、水泡。

第二，烟叶堆放场所的地面要事先铺上厚塑料布或彩条布等防护材料，以防止外源污染物混入烟叶。

第三，烟叶必须分类、整齐堆放，便于后续鲜烟分类和分类夹烟作业的进行。

第四，堆放时可以叶尖向上、叶基向下整齐竖放，也可叶尖向里、叶基向外整齐平放。竖放只能堆放一层烟叶，平放一般堆放两层，即使短时间堆放也不能超过三层，以免过度挤压导致堆芯发热。注意堆放时间不能过长，必须当天采收，当天夹完，当天装炕烘烤。

五、采后烟叶成熟度检验和素质判定

采收过程中已通过多道程序和多种措施来保证烟叶采收目标的逐步达成，但出于专业化烘烤特别是烟叶烘烤工艺决策和烘烤技术质量评价需要，还要对采后烟叶进行成熟度检验和基本素质判定。

（一）检验方式

在烤房工作区的采后烟叶堆放场所，由烘烤专业队成员按“采后烟叶成熟度检验及鲜烟基本素质记录表”（见表 5–3）逐项进行烟叶素质检验。

表 5–3 采后烟叶成熟度检验及鲜烟基本素质记录表

________县________乡________烤房群 烤房号________ 烟叶部位（轮次）________					
样叶总数（片）		样叶总重量（g）		鲜烟单叶重（g）	
适熟叶数（片）		偏生叶数（片）		过熟叶数（片）	
适熟叶数比例（%）		偏生叶数比例（%）		过熟叶数比例（%）	
叶色深浅		质地好坏		水分大小	
易烤性		耐烤性			
注： 水分描述：较大、适宜、较小、小；叶色描述：深、浅、一般；质地描述：软、较软、较脆、脆；易烤性描述：易烤、不易烤；耐烤性描述：耐烤、不耐烤。					
记录人________日期________					

（二）操作方法

对陆续运到烤房工作区的采后烟叶，进行多次目视检验（见图 5–4），然后从代表性批次的代表性烟包中进行抽样。

图 5-4 采后烟叶成熟度目视检验

每次抽取的烟样至少来自 10 个烟包。从每个烟包中随机抽取 10~20 片烟叶用于素质检验。

对抽取后的烟样根据所处的着生部位及不同部位烟叶的成熟度标准，进行成熟度分类（如图 5-4 所示），一般分欠熟、适熟和过熟三类。分类后，计算适熟烟叶数量比例及欠熟烟叶、过熟烟叶数量比例。然后，对照精细化采收采后成熟烟叶比例的指标要求进行评判。

在进行上述检验的同时，称量所有烟样的重量（g），计算鲜烟单叶重（g），对叶色深浅、烟叶质地及烟叶水分大小进行诊断，并进一步判定烟叶烘烤特性，其中，叶色深浅、烟叶质地诊断主要依靠眼看、手摸。烟叶水分大小的诊断方法是：在以上混合样品中随机抽取 10 片烟叶，在距叶基部 6~7cm 处折断主脉，然后正面相对，断面朝下，用双手挤压，根据大多数烟叶基部主脉断面的出水状态，判断采后烟叶水分大小。如果烟叶基部主脉断面有水流射出，说明烟叶水分很大；如果主脉断面出水呈连续珠状，说明烟叶水分较大；如果主脉断面有水珠滴下但不连续，说明烟叶水分适中；如果主脉断面有水珠冒出但难以滴落，说明烟叶水分较小；如果主脉断面无水珠冒出且呈空洞状，说明烟叶水分很小。

一次抽样难以充分反映实际情况，应进行二到三次取样检验，形成综合结论。

【技术提示】本章就精细化烟叶采收技术进行了系统叙述，实际上，常规烘烤在烟叶采收技术方面，还有不少好的做法值得坚持和发扬。例如，为了提高烤烟上部叶的烘烤质量与工业可用性，很多烟区对烤烟上部 4~6 叶在充分成熟后一次性采收，就是一种较好做法。

【示范传真】2016 年，广西百色靖西市新靖烟站采用新思路、新方法采收烟叶，就第二轮、第三轮烘烤的烟叶（中部偏下叶）以及第五轮烘烤的烟叶（上二棚叶）进行了采后成熟烟叶比例统计，并与常规方法进行比较。结果表明，三轮下来，旧法采后成熟烟叶比例平均只有 57.21%，新法采后成熟烟叶比例平均高达 83.01%，提高了 25.80 个百分点。

第六章　精细夹烟科学装炕，夯实烘烤工艺基础

夹烟、装炕是烟叶采收当天必须完成的一个工段。其中，“夹烟”是利用一定规格的烟竿、烟夹或框栏等工具将烟叶夹持起来，成为一个个规格相同的烟叶集群。夹持后，将这些较小的烟叶集群装在炕内合适位置，并与温湿度传感器有机集合，这个过程就是“装炕”。

“夹烟”与“装炕”是一个工段中的两道工序。在夹持烘烤中，夹烟方式决定烟叶装炕方式及烘烤制式。如利用烟竿夹持烘烤的，叫作“挂竿(式)烘烤”(见图 6-1a)；利用烟夹夹持烘烤的，叫作“烟夹（式）烘烤”(见图 6-1b)。

a. 挂竿烘烤

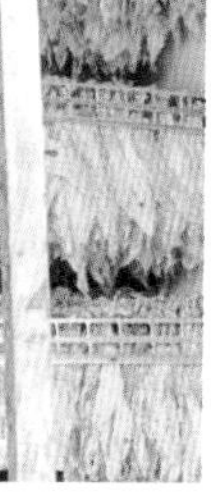

b. 快速笼式烟夹烘烤

图 6-1　挂竿烘烤与烟夹烘烤

长期以来，我国一直使用传统手工编烟（俗称“绑竿”)、挂竿装炕烘烤的方式，速度很慢，颇费工时。随着科技的进步、劳动力价格的提高以及其他各种因素的影响，绑竿烘烤方式的缺点越来越明显，烤烟生产“雇工难、雇工贵”现象日益突出。为了解决传统烟叶夹持方式弊端，进一步提高烟叶夹持劳动效率，降低劳动强度，减少生产成本，烟草科技工作者通过长期研究和改进，不断完善烟夹设计，其中云南烟草机械有限责任公司生产的不锈钢圆针梳式烟夹成为我国烤烟烘烤最流行的烟叶夹持器械（见图 6-2)。在没有其他特意说明的情况下，本书所讲的梳式烟夹就是指该公司生产的梳式烟夹。

当前我国烟叶烘烤制式主要是烟夹（式）烘烤，其次是挂竿（式）烘烤和散叶（式）烘烤。广西烟区主要采用烟夹（式）烘烤，另有少量挂竿（式）烘烤。

图 6-2　梳式烟夹

本章着重论述精细化夹烟装炕技术规则和作业方法。关于其他装炕方式如何进行精细化作业，请读者根据本地实际触类旁通或另寻参考。

第一节　夹烟装炕的工程意义

一、夹烟装炕是烟叶烘烤对象系统建成的关键步骤

正如第二章所述，烟叶烘烤对象就是指那些源于田间、来自采收、成于装炕的、有着特定空间布局的大量烟叶的群体集合。而定型后的烟叶烘烤对象系统的理想特征是：总量适宜，相对密集；同类集群，分类定位；层层等量，布匀布满；整齐有序，整体集合。只有这样，烟叶烘烤系统才会趋于完善状态，才能充分发挥密集烤房的性能优势和被烤烟叶的群体潜力，才能保持炕内温湿度分布趋势的相对稳定，保证烘烤过程顺利、高效进行。而这些在很大程度上都取决于夹烟、装炕的技术质量。

二、夹烟装炕事关炕内空气状态和烟叶烘烤环境控制

空气是烟叶烘烤的工作介质。从某种程度上讲，烟叶烘烤也是一种空气调节技术。烤房空气状态涉及空气的温度、相对湿度、流速大小及其分布的均匀性和变化的规律性。烟叶能否受热变黄、失水干燥，整炕烟叶是否都能得到良好调制，均与炕内空气状态密切相关。正因如此，烟叶烘烤的加热操作、排湿操作、热风

循环及自动控制等，都与空气紧密联系，都是通过保持或改变烤房内部空气状态，使之持续动态地满足烟叶烘烤进程以及炕内所有烟叶烤黄、烤熟、烤香、烤干的需要。

烟叶烘烤与风关系密切。烟叶在烤房内部必须受风，才能得到烘烤调制，但受风也意味着挡风、分风，并在很大程度上决定着烟层的透风能力（通透性）和分风质量（均匀性）。能否顺利透风，决定一炕烟叶的烘烤成效乃至成败。而是否均匀受风，则关系到一炕烟叶烤后的上等烟比例。

烟叶烘烤必须进行温湿度监测与控制，借以了解烘烤环境是否适宜、烘烤工艺是否合理以及如何调整与优化。温湿度监测必须精准，否则就会脱离正确轨道。安装是否及时，位置是否精准，对烟叶烘烤温湿度监测及工艺实施的精准度有着很大影响，一不小心，就会出现很大偏差，造成烟叶烘烤失败。因此，要在烟叶装炕过程中及时安装温湿度传感器并调准位置。

三、夹烟装炕事关烟叶烘烤难度

第一，夹烟、装炕密度影响烘烤难度。要想烤好烟叶，烤房装烟总量和烟叶密度必须适宜，而且每一层（棚）烟叶密度都要适中。如果装烟过少，炕内烟叶密度太小，烟层透风太快，烟叶就容易急干，容易烤青；反之，如果装烟过多，炕内烟叶太密或某层（棚）烟叶过于密集，烟层透风缓慢，烟叶失水就难，易变黄，难定色。有时由于装烟量过大或烟叶过密，烘烤过程中就会出现“硬变黄”乃至炕腐烂烟现象。所以俗话说：“装炕装不好，神仙也难烤。”

第二，夹烟、装炕的均匀度影响烘烤难度。在装烟总量和烟叶密度适宜的情况下，夹烟、装炕均匀，炕内烟叶分布均匀，就很好烤。如果装烟不匀，会使同层烟叶烘烤进度差异过大，尤其烘烤到一定阶段，烟叶失水凋萎塌架，烟叶间隙加大，愈稀的地方空气流量愈大，愈密的地方空气流量愈小，最终反差愈演愈烈，升温排湿很难决断，烤后烟叶质量就难以保证。

四、夹烟装炕工段是掌握鲜烟烘烤特性的关键时段

要烤好烟叶，就得控制烟叶。烟叶烘烤既要求变，又要防变。“求变”是使烟叶朝着我们期望的方向发生各种有利变化，“防变”则是不让它们变成劣质烟叶或次品烟叶。想要求变和防变，就得预变和控变。而基本方法之一，就是要提早掌握整炕鲜烟叶的群体素质和烘烤特性，以便能够及时制订一套切实可行的烟叶烘烤控制方案，也就是通常所说的烟叶烘烤工艺方法。

从烟叶品质调制和烟叶烘烤风险防控同时并举策略出发，掌握鲜烟叶群体的基本素质和烘烤特性，最早可从烟田开始进行基本判断，最迟可在烘烤过程中进行直接判断，但最好在采收以后至夹烟、装炕期间进行判断。这是因为，田中判断难以具体，烤中判断容易滞后，而夹烟装炕工段对采后烟叶一目了然，既能提前预判，又能全面把握，可为制订烟叶烘烤控制方案提供科学、精准、实用的依据。

烟叶烘烤的目标原则，就是要最大限度地发挥密集烤房的性能优势，最大限度地发挥各种鲜烟叶的质量潜力，最大限度地提高烟叶烘烤质量及烤后烟叶中的上等烟比例。

夹烟、装炕决定烤房烟叶分布状态和定位结果，极大地影响着烤房空气的通透性、均匀性及其分布的规律性，还关系到烟叶烘烤环境监测准确性、烟叶烘烤特性判断的精准度以及烟叶烘烤工艺方法的针对性与科学性，这些因素影响着一炕烟叶的烘烤质量和烤后烟叶中上等烟的比例，甚至决定整炕烟叶烘烤成败。为此，鲜烟烘烤一定要精心管理，精细夹装，打造夹烟装炕优质工程，夯实烟叶烘烤工艺基础。

第二节　夹烟装炕的目标要求

一、总体要求

在精细备烤和采收的基础上，通过精细夹烟和装炕，使烟叶烘烤系统趋于完善，充分发挥密集烤房的性能优势，充分发挥鲜烟群体的质量潜力，保持炕内温湿度分布趋势稳定，保证烟叶烘烤过程顺利、优质、高效。

二、基本目标

鲜烟装载总量适宜，炕内烟叶相对密集。

同类烟叶同质夹持，不同烟叶定位合理。

不同棚次烟叶等量，水平方向布匀布满。

装后烟叶整齐有序，“4M1E+”高度整合。

三、主要任务

（一）炕内烟叶“密、满、匀、齐，精准定位”

“密”：基于采收量的合理控制，装烟后，炕内烟叶相对密集。装烟总量通常控制在3500~4500kg范围内，具体装烟量因叶制宜。

“满”：通过满夹和满装使装烟室内纵横方向布满烟叶，不留空，不穿风。

“匀”：通过均匀夹烟和装炕，使得装后烟叶在炕内水平方向分布比较均匀，确保左右两侧不偏温，不产生风洞。

“齐”：基于烟叶采收的同质化配炕，使同炕烟叶夹持方法一致，同夹烟叶素质一致，每夹鲜烟重量一致，夹内烟叶均匀一致，各夹叶柄露头一致。

“精准定位”：将夹后不同素质烟叶准确装在炕内各自合适区域，使被烤烟叶群体都能得到良好调制。

（二）传感器到位及时，温湿度监控精准

传感器状态好。

传感器挂放感温位置准确。

窗口烟叶代表性好。

（三）掌握烘烤对象，完善烤房系统

了解当炕鲜烟素质，掌握烟叶烘烤特性。

掌握夹烟装炕情况，知晓本炕烘烤难度。

完善烤房工作系统，一切就绪转入烘烤。

第三节　烟叶夹持的过程管理

烟叶夹持是装炕的基础，是影响烟叶烘烤质量的关键工序之一（见图 6–3）。

a. 烟竿编烟

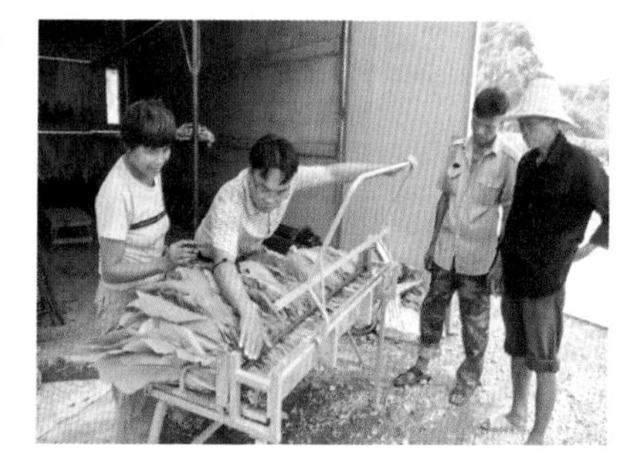

b. 烟夹夹烟

图 6–3　烟叶夹持作业

一、做好烟叶夹持准备

（一）物资准备

采烟之前，必须做好烟叶烘烤物资准备，如烟夹的维修和数量的清点，夹烟台的维修和数量的保证，晾烟架的维修与协调使用，等等。

（二）场地准备

进行场地准备要做到合理划分区域，各炕场地充足；保证夹烟场地，处处清洁卫生；备有晾烟场所，提高装烟质量。

值得一提的是，我国不少烟区一直强调夹烟以后要将夹后烟叶临时放置在晾烟架上（见图 6-4）或空烤房里，但实际操作中很多人为图省事，总是边夹烟、边装炕——这是在很多烟叶信息尚未明了的情况下进行的盲目装炕行为，结果导致装炕混乱，本来一炕好烤的烟叶往往被弄得难以烘烤。实际上，烟叶烘烤损失大，上等烟比例低，往往就是烘烤之前的这些粗放的作业方式所致。

图 6-4　烤房工作区的晾烟设施

需要强调的是，烟农专业合作社在烟叶烘烤期间需要加强烟叶烘烤设备设施的集中调配、统筹管理和合理使用，如烤房、烟夹、夹烟台以及炕外晾烟架，确保每座烤房都能规范运行、有序作业。像夹烟台、炕外晾烟架等设备，如果商业供给存在困难，合作社要督促烟农提早自制，以满足需求。

（三）人员准备

精细化烘烤必须做到“当天采烟、当天夹装、当天点火烘烤”。三个“当天”体现了烟叶烘烤的技术密集和劳动密集的“双密集”特征，对采、夹、装作业者提出了如下要求。

采收专业队（组）人力充足，分工明确，工作协调，整体高效，能在一天之

内完成烟叶采收、夹装作业。

采收专业队要技术熟练，所有技术措施都能保质、保量、按时完成。

二、抓好夹烟过程控制

（一）程序夹持

在现场主管主持下，按图 6-5 所列 4 道程序夹持烟叶。

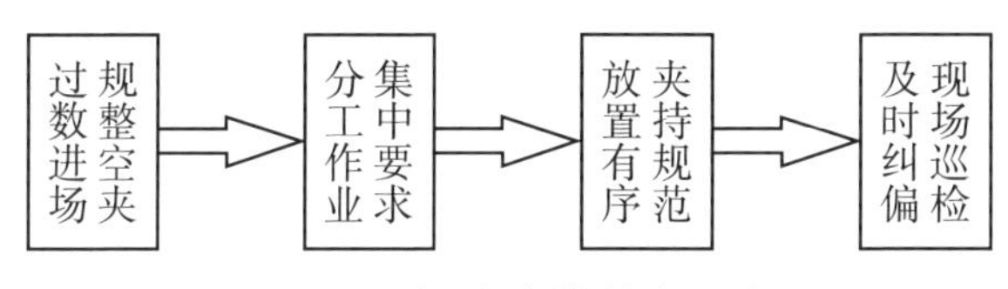

图 6-5　烟叶夹持基本程序

（二）规范作业

1. 规整空夹（竿），过数进场

无论烟竿，还是烟夹，都要外形规整，整齐划一。同时，进入夹持现场的空竿空夹，必须数量准确，以便统计夹后烟叶夹（竿）数。

2. 集中要求，分工作业

现场主管分派技术好、工作效率高的人员夹持烟叶，其他人员从事鲜烟分类和夹后烟叶临时集中分类堆放作业。分工中，还要明确夹后烟叶如何放置及保护。

3. 夹持规范，放置有序

（1）剔除废叶，分类夹持

剔除病残烟叶及其他不适烤烟叶，将适烤烟叶按照成熟度进行分类（通常分为适熟、过熟和欠熟 3 类），通过分类夹持，确保同夹（竿）烟叶同质化。

（2）夹持方式，规范一致

①挂竿编烟。统一夹持方式（如梭线法）。一根烟竿只能编夹同一类烟叶（“同竿同质”。烟夹亦同）。叶基对齐，叶背相靠；叶柄露头 5cm，竿头留空 4~5cm；竿内烟叶均匀分布。每竿编夹 50~60 束，每束 2~3 片，每竿 130~150 片烟叶。

重量控制：下部叶一般每竿鲜重 7~8kg，中、上部叶每竿鲜重 9~10kg。

②梳式烟夹夹烟。装夹前，先在夹烟台上调好叶柄露头长度（10~15cm），然后将 U 形砥梁开口朝上，梁底朝下放置在夹烟台上。装夹时，抖松烟叶，叶柄整齐，分类夹持。夹内烟叶铺陈厚度取决于对每夹烟叶鲜重控制。夹烟作业过程中，必须加强巡检，通过称量夹后烟叶重量，促使夹烟重量适宜，并使夹烟重

量相近。

重量控制：下部叶每夹鲜重 11~12kg，中、上部叶每夹鲜重 13~14kg。

③笼式烟夹夹烟（目前仅限广西）。装夹前，将烟夹顶板朝前，底侧板朝下，置于地面或夹烟台上。装夹时，每 8~10 片为一把，叶柄整齐向前塞进顶板装烟孔，叶柄露头长度在 10~15cm 范围内。夹烟时，一定要控制每夹鲜烟的重量（每孔叶数可调）。

重量控制：一般下部叶每夹鲜重 13kg 左右，中、上部叶每夹鲜重 16kg 左右。

（3）夹后烟叶，有序放置

一要保护性放置。夹后烟叶（竿或夹）应该挂在炕外大棚里的晾烟架上，或者挂到附近空烤房里，或烤房底棚烟架作临时晾烟，避免风吹、日晒、雨淋、水泡，等夹烟量（待装烟量）信息全部清楚后，再开始装烟。这种装烟方式才是科学装烟。

二要有序放置。为有序递烟，合理装炕，夹持后的烟叶（竿或夹）必须分区放置或按序候装。

长期以来，生产上大多数烟农对夹后烟叶的处置不规范，要么边夹烟边装炕，要么夹后直接放在地面上，这样会使烟叶容易捂堆发热，有时还会受到外源污染。这些都要通过精细化作业予以改善。

4. 现场巡检，及时纠偏

由于各种原因，烟叶夹持质量往往很难到位，且夹后烟叶往往无序放置，给科学装烟带来很大困扰。针对实践中不讲规则、粗放作业等问题，必须建立并坚持现场巡检制度来加以解决。要在反复巡检、不断纠偏的过程中，让烟叶夹持作业切实达到专业化水平。

5. 及时抽样，单放待装

在夹烟技术到位并达到稳定状态后，抽样调查每竿（夹）鲜烟重量，并随机抽取 5~6 竿（夹）烟叶，集中单放，等待装烟装到烤房二棚第一格和第二格交界处时挂入烤房，供烤后烟叶质量检验使用。

第四节　烟叶装炕的过程管理

装炕，就是把夹持好的烟叶有规则地装进烤房之中（见图 6-6）。

图 6-6　装炕

一、做好装炕准备

（一）做好人员准备

装炕前，组织好专业人员，按照每个烤房 3 个装烟工进行配备。其中炕内 2 人必须是年轻力壮者，切忌安排老弱病残人员在炕内进行装炕作业。

在人员准备方面，现场主管还要向所有作业人员提前交代装炕作业人员分工、技术要求及注意事项。

（二）做好设备准备

①装炕前仔细检查烤房，确认烤房没有“带病上岗”。

②做好温湿度传感器的准备。

一要确认主副传感器各就各位，没有前后偏位，也没有相互挂反。

二要确认传感器状态好，如防护好、纱布清洁、性能正常、测温准确。

三要在装烟前将主、副传感器水壶灌满清水，确认水壶不漏水后，将其放在干净的桶内，等待安装。

（三）做好照明准备

备好室外照明和室内照明工具。目前生产上通常注重室外照明，往往忽视了室内照明，从而影响装烟作业质量。为此，需要像图 6-6 所示那样佩戴头灯进行装烟作业。

二、规范装炕过程

夹烟后，应按以下程序进行装炕（见图 6-7）。

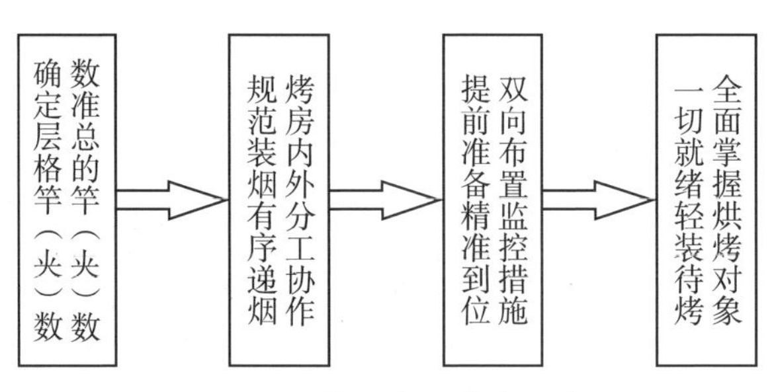

图 6-7　装烟作业基本程序

（一）数准总的竿（夹）数，确定层格竿（夹）数

清点编竿（夹）后的烟叶竿（夹）数，包括适熟、过熟、欠熟叶的各自数量。将烟叶总竿（夹）数分解到层，分配到格，精准确定竿（夹）间距或竿（夹）距尺寸。

（二）烤房内外分工协作，规范装烟，有序递烟

1. 内外协调

装烟时，由 2 人在炕内装烟，并负责装炕质量和烘烤监控的及时到位。采收专业队的大批人员在炕外递烟。为协调炕内炕外，需安排 1 人在炕门口进行调度，根据炕内装烟进度、具体位置和烟叶需求信息，指挥炕外人员有序递烟。

2. 精心作业

（1）装匀

每棚夹（竿）距一致是基础，顶棚装烟均匀是关键。需要强调的是，采用梳式烟夹烘烤在装烟时必须做到各夹同向（见图 6-8），否则就不能均匀分布烟叶。

图 6-8　梳式烟夹装烟时须各夹同向

（2）装实

装烟后，炕内水平方向严严实实，每夹（竿）烟叶装得踏踏实实。另外，烟竿偏细时要加固，偏短的要接长（最好在采收之前完成）。在广西，笼式烟夹装炕时最好两路同步装烟，交替后退。如果单路独进，另一路往往难装进去，甚至

引起烟夹变形。

（3）装准

第一，不同素质的烟叶在烤房内部应对号入座、精准就位。

在气流下降式烤房中，要将过熟叶和黄得快的烟叶（包括轻度病叶），装在顶棚高温区域；将成熟度略低的烟叶，装在底棚低温区域；将成熟度好且素质好的烟叶，装在整个二棚以及顶棚、底棚其他区域。

在气流上升式烤房中，要将过熟叶、黄得快的烟叶（包括轻度病叶），装在底棚高温区域；将成熟度略低的烟叶，装在顶棚低温区域；将成熟度好且素质好的烟叶，装在整个二棚以及底棚、顶棚其他区域。

第二，装烟时，要将代表性好的烟叶放在观察窗口。不管什么烤房，每一棚窗口的烟叶素质（成熟度）都要准确代表该棚烟叶群体素质（成熟度）。

（4）有序

依据烤房内部空气温湿度分布的规律性，将不同成熟度的烟叶在烤房内进行区域定位和对号入座。根据烤房装烟顺序（每棚都从隔墙起始），就可知道什么时候应该装进什么样的烟叶，而烤房下方或外面的人员就应及时递上（进）什么样的烟叶。

（5）装好烟样

及时将夹烟时特意抽取、单独存放的五六夹（竿）代表性烟样，装到烤房二棚一般位于靠门一头的第一格和第二格交界处，供烤后烟叶质量检验之用。这种做法往往针对烤房群或烘烤工场每一烘烤轮次（基本对应于烟株某叶位）开头5炕烟叶烘烤（即不必每烤一炕烟叶都要这样做），目的是进行探索性烘烤，直至该轮次烟叶烘烤技术通过探索、总结、改进、熟化了，后续其余各炕烘烤不再有技术难题后，这样就可以顺利烘烤了。

（6）装满

经过计算，均匀分配夹间距或竿距，以免装到最后发现夹（竿）缺数，只能依靠调整最后几夹（竿）间距来补足。除此之外，还应该根据情况进行变通。如装炕装到最后发现烟叶夹（竿）数量不足时，要将靠墙的空隙用麻片或稻草等容易透风的填充物堵住风洞。

当适采烟叶较少，烤房底棚装不满烟叶时，应在底棚档梁上平放一些空夹（竿），在空夹（竿）上铺上一层麻片或薄薄一层稻草，借此削弱无烟料区段的风量和风速，相对均衡烤房前后的风量、风速。

三、温湿度传感器的准确定位和及时到位

做好装炕之前的准备后，装炕过程中要将温湿度传感器及时安装，准确定位。

（一）气流运动方向不同，烤房主副传感器位置不同

1. 气流上升式烤房

在气流上升式烤房中，副传感器应挂置在顶棚装烟室前段（以隔墙为起点）与中段交界处，横向距侧墙 100cm 左右（如图 6–9 所示位置），探头应高于顶棚烟叶中部 3~4cm；主传感器应挂置在底棚装烟室长 1/3~1/2（以隔墙为起点）处，横向距侧墙 100cm 左右，探头应高于底棚烟叶中部 3~4cm。

2. 气流下降式烤房

在气流下降式烤房中，主传感器应挂置在顶棚装烟室长 1/3~1/2（以隔墙为起点）处，横向距侧墙 100cm 左右（如图 6–9 所示位置），探头应低于顶棚烟叶中部 3~4cm；副传感器应挂置在底棚装烟室前段（以隔墙为起点）与中段交界处，横向距侧墙 100cm 左右，探头应低于底棚烟叶中部 3~4cm。

图 6–9 安装温湿度传感器

（二）气流运动方向不同，传感器安装到位时序不同

1. 气流上升式烤房

在气流上升式烤房中，当顶棚装烟到装烟室前段与中段交接处时，及时系上副传感器并调准探头高度；当底棚装烟到装烟室中段 1/2~2/3 区段时，及时系上主传感器并调准探头高度。

2. 气流下降式烤房

在气流下降式烤房中，当顶棚装烟到装烟室中段 1/2~2/3 区段时，及时系上主传感器并调准探头高度；当底棚装烟到装烟室前段与中段交接处时，及时系上副传感器并调准探头高度。

四、全面掌握烘烤对象，一切就绪轻装待烤

在现行烤烟密集烘烤中，一炕烟叶数以万计，是个庞大的烟叶群体，而且，这个群体又是一个人工集合的烘烤对象，情形复杂。如果我们不能充分了解一炕烟叶的具体情形，就很难掌握它的优势和劣势，就很难进一步提高烟叶烘烤质量。

（一）判定烟叶烘烤特性

烟叶烘烤特性是制定烟叶烘烤工艺方案的根本依据，准确判定烟叶烘烤特性具有重要的工程意义。烟叶烘烤特性是鲜烟素质的客观反映，诊断烟叶基本素质，即可判定烟叶烘烤特性。

烟叶烘烤特性判定可分烤前判定和烤中判定，两者都有重要意义。但从工程实践看，烤前判定是目标要求，即烤前判定最为重要。根据时段的不同，烟叶烘烤特性的烤前判定可分采前诊断和采后诊断。采前诊断是基础，采后诊断是关键。

1. 采前诊断

（1）看品种特性

烤烟品种不同，烟叶烘烤特性可能存在一定差异。如当前大面积种植的云烟系列品种烘烤特性普遍较好，烟叶比较好烤。相比之下，K326 品种的烘烤特性相对较差，烟叶烘烤难度有所增大。

（2）看长势长相

在良好的栽培条件下，不同烤烟品种在某个烟区往往表现出相对稳定的长势长相，如“筒形”或“腰鼓形”等。但在一个烟区的不同区域，由于土肥、气候因素及栽培管理的差异，田间烤烟的健壮程度及长势长相往往存在一定差异。

一是土肥因素影响很大。如在土壤有机质含量高、施氮偏多的情况下，烟叶中蛋白质与叶绿素含量较高，易烤性较差。而且，这类烟叶往往多酚氧化酶活性高，容易褐变，定色难度较大。不同土壤条件或不同栽培措施对烟叶烘烤特性的影响常有以下三种情况。

第一种是壤质土上合理稀植、氮磷钾配比适当、大田管理较好、烟叶正常落黄成熟、干物质积累充分且含水量适中的，这类土壤种植的烟叶多酚氧化酶活性

较低，烘烤中易变黄，易脱水，也易定色。

第二种是砂质土或瘦地种植施肥较少的，这类土壤种植的烟叶叶片小而薄，结构过于疏松，烘烤时易变黄，易脱水，但不耐烤。

第三种是黏重土壤、肥水过多或打顶过早的，这类土壤种植的烟叶叶片大而肥厚，叶色深绿不易落黄，烘烤时变黄较慢，脱水较慢，定色后颜色偏深。

二是气候因素影响很大。表现在气候条件较差的年份烟叶烘烤特性明显较差。气候条件的影响多种多样，常见有以下四种情形。

第一种是“全期多雨寡照型”。即生长季节一直多雨，低温少光，烟株地下营养和空间营养都较差，株型多为塔形。下部叶一般开片良好，但干物少，身份薄，易形成“嫩黄烟”，烘烤时下色快，变黑也快。上部叶含水较多，内含物不充实，烘烤时变黄较慢，定色较难，既易烤青，也易烤黑。

第二种是“全期干旱型”。大田前期干旱使得土壤可吸收氮不多，可利用钾减少，下部叶往往营养不良。打顶以后持续干旱，下部叶易变成旱早熟烟，烘烤时下色较快但不耐烤。较高节位烟叶含水较少，偶遇降雨就会返青生长。尤其后期的严重干旱对烟叶素质影响极大，上部烟叶不仅表皮过厚，结构过紧，含水过少，内在化学成分往往还严重失调，烘烤时变黄慢，脱水难，易烤青，易褐变。如果烤中大量增湿，往往还加重挂灰。

第三种是“前期多雨、后期干旱型”。大田前期多雨，空气潮湿，烟株地上生长尚可，但地下生长易受影响。如果地表径流过大，肥料流失过多，地上也会生长不良。这种情况下遭遇后期干旱，会导致中下部烟叶发育不良，上部烟叶窄厚粗糙。而前期地上生长较旺的那些烟叶，容易发生高温日灼现象，尚未落黄就大块焦枯，采收成熟度不好掌握，烘烤工艺也很难调适，既难变黄，又难定色。

第四种是“前期干旱、后期多雨型”。大田前期干旱主要影响烟苗成活及烟株生长速度，土壤养分尤其肥料得不到及时利用，但到烟叶成熟期阴雨不断，低温少光，烟株贪青晚熟，往往出现“返青”现象，有时出现类“黑暴烟”。

由此可见，无论是土肥失调，还是气候异常，对烟叶烘烤特性都有很大影响。实际上，即使气候条件正常，田间烤烟也会由于不同田块的土肥因素及栽培管理水平的差异，出现健壮、偏旺、偏弱的差异及株型差异。要想培育健壮株型，关键还是依靠科学栽培和田间管理。例如，现蕾后，对那些叶色偏深、上部叶长势

明显较强的烟田，应适当迟打顶、多留叶，酌情喷施叶用钾肥，协调烟株营养，提高烟叶素质，改善烘烤特性；对于那些叶色偏淡、上部叶长势明显较差的烟田，应适当早打顶、少留叶，及时增施少量氮肥（磷钾搭配），使烟叶充分发育，让烘烤特性得到改善。

（3）看烟叶成熟特征

烟叶成熟特征与烘烤特性密切相关。进入成熟期以后，凡是正常落黄（分层落黄且速度正常）的烟叶，烘烤特性通常较好。但落黄过快的烟叶意味着易烤和不耐烤；相反，延迟落黄、成熟较慢的，意味着耐烤但并不易烤。但迟迟难以落黄而且是点片状先黄的烟叶，肯定不易烤也不耐烤。另外，适熟期较长、成熟较慢的烟叶往往耐烤性较好，但易烤性较差；反之，适熟期较短、成熟较快的烟叶易烤性较好但耐烤性较差。可见，通过田间烟叶成熟特性的观察，就能初步预测烟叶烘烤特性，这样就能通过把握采收成熟度、控制采叶量、调节装烟总量等措施，扬长避短，为整炕烟叶的成功烘烤打下扎实基础。

由于各种原因，近些年有些烟区的田烤烟出现不少“大叶化”现象。“大叶化”严重的烟田，烟叶尖部与基部成熟度差异过大，导致烟叶尖部与基部烘烤特性差异大，采收时间不好掌握，采收早了叶尖部易烤但叶基部不易烤，采收迟了叶基部易烤而叶尖部不耐烤。为改善烘烤特性，一定要等到烟叶基部成熟方可采收。否则，如果提早采收，不仅使得烟叶烘烤难度加大，烤后上中等烟叶比例也难以提高。

2. 采后诊断

（1）看烟叶颜色深浅

烟叶颜色深浅取决于色素含量。通常，深绿色的烟叶变（落）黄以后往往呈现深黄色，浅绿色的烟叶变（落）黄以后往往呈现浅黄色。烟叶颜色深浅蕴含了许多相关信息，如烟叶营养是否充足，碳氮代谢是否协调，烘烤特性是好是差，等等。通常，深绿色的烟叶即使落黄，也意味着叶内含氮化合物含量较高，这类烟叶易烤青。相比之下，黄色浅淡的烟叶即使正常成熟采收，其耐烤性也不够理想。所以，在判断烟叶烘烤特性过程中，不能只看烟叶的变（落）黄的程度，还要辨识烟叶颜色的深浅度，如烟叶中的未变黄部分是呈深绿、浅绿还是老绿、嫩绿，而已经变黄的部分究竟是深黄、橘黄还是淡黄、白黄。这样考察烟叶颜色，才能较好地反映采后烟叶的基本素质。

（2）看烟叶质地好坏

质地通常是指材料类型及某种物料软硬度和结构特征。这里说的烟叶质地主要是指鲜烟叶片组织的软硬度及其粗糙、细致程度。其中，叶片的软硬度主要体现为叶片（包括支脉）的弹性和柔韧性。

鲜烟叶片的弹性和柔韧性，主要取决于烟叶的发育程度及成熟度，并与营养、光照、通风等生长发育环境因素密切相关。通常，质地柔软、弹性好、不易破碎的鲜烟叶容易烘烤，烤后质量较好；反之，质地硬脆、弹性差、易破碎的鲜烟叶较难烘烤，烤后质量较差。

需要强调的是，无论是光照、通风条件，还是营养发育、成熟程度，劣势往往表现在烟叶基部，因此，考察烟叶烘烤特性时，要将烟叶基部的质地好坏作为重点。

（3）看烟叶水分大小

水分大小是影响烟叶烘烤特性的另一重要因素。一般而言，含水量大的烟叶容易变黄，但如果变黄期脱水滞后就难以定色。含水量少的烟叶，变黄期叶内水分不足，往往难以顺利变黄，但变黄问题解决后，又大多较易定色。

需要注意的是，讨论烟叶水分大小对烟叶烘烤特性的影响，还应进一步考量烟叶水分与干物质含量的协调程度，为此，引入“鲜干比值”的概念。

鲜干比值是指鲜烟重量与烤后干烟重量（干烟含水量为15%左右）的比值。它综合反映了烤前烟叶水分能够满足内含物调制的需求程度，因此烟叶烘烤特性与其鲜干比值密切相关。不同地区或不同气候条件下，烟叶鲜干比值差异很大。当前的优质烟生产中，多数情况下烟叶鲜干比值处于5.5~8.0范围内，烟叶变黄与脱水程度较容易协调，烘烤特性较好。当烟叶鲜干比值小于5.5时，烘烤时难以变黄，有时还会出现挂灰现象。当烟叶鲜干比值在9.0以上时，定色难度明显加大，烘烤时要更加小心。对此，老烟区有一个生动的说法，即烘烤初期对于水分大的烟叶要“先拿水、后拿色”，对水分小的烟叶要“先拿色、后拿水”，这样，烘烤控制就比较主动和稳妥。

作为专业化烘烤的技巧之一，每一轮烘烤的开头5炕必须通过细致周全的抽样调查方法进行采后成熟烟叶比例、鲜烟素质及烤后烟叶质量评价。鲜干比值是反映鲜烟叶基本素质和判断烟叶烘烤特性的重要指标，每一轮烘烤的开头5炕烟叶烘烤必须考查烟叶鲜干比值（见表6–1）。

表 6-1　烟叶鲜干比值考查记录表

________县________乡________烤房群　烤房号________　烟叶部位（轮次）________					
序号	烤前鲜烟净重（kg）	烤后干烟净重（kg）	鲜干比值	叶片数（片）	单叶重（g）
第 1 夹（竿）					
第 2 夹（竿）					
第 3 夹（竿）					
第 4 夹（竿）					
第 5 夹（竿）					
烟叶总样本					
记录人________日期________					

（4）看成熟烟叶比例

第五章第一节曾经阐述过烟叶成熟度对烟叶烘烤特性的影响，结果表明，未熟烟叶变黄难，脱水难，很不易烤也很不耐烤；欠熟烟叶易烤性和耐烤性较差，容易烤青也容易烤黑；过熟烟叶易烤性好，耐烤性差，易变黄，难定色。相比之下，不管什么烟叶都以适熟状态最易烤，最耐烤，烘烤特性最好。

每一炕烟叶都是数量巨大的烟叶群体，通常这个群体都是以成熟或适熟烟叶为主体，但往往不可避免地含有一定比例的欠熟烟叶和过熟烟叶。在分户自行烘烤或专业化烘烤不力时，欠熟烟叶、过熟烟叶或二者合计占比往往大得离谱，正因如此，精细化烘烤才明确规定不同部位烟叶采后的成熟烟叶比例。要强调的是，关注一炕烟叶烤前欠熟烟叶比例和过熟烟叶比例，不仅是要掌握成（适）熟烟叶的确切比例，更重要的是如何烤好成（适）熟烟叶，并协调不同烟叶的烘烤特性与烘烤进程，最大限度地提高整炕烟叶的烤后质量。

从采收到夹烟、装炕，是田间烟叶离体、集群和整体集合的阶段，烟叶烘烤对象由抽象到具体，由模糊到清晰，而采后成熟烟叶比例就是从群体角度考量烟叶烘烤对象的质量状态。为此，每一炕烟叶采收以后，无论是否要正式填写表 5-3（“采后烟叶成熟度检验及鲜烟基本素质记录表”），都要依照该表要求，认真考查采后成熟烟叶比例，仔细考查鲜烟素质，准确判断烘烤特性。

3. 判定结果及相关数据录入

烟叶烘烤特性包括易烤性和耐烤性两个方面，二者相互联系又相对独立。在当前大面积生产条件下，大多数烟叶易烤又耐烤，但有的烟叶易烤不耐烤，有的烟叶耐烤但不易烤。因此，烤前烟叶烘烤特性判定，必须做到以下两点。

一是同时明确具体一炕烟叶的易烤性和耐烤性，从而明确该炕烟叶的烘烤特性，如易烤－耐烤、易烤－不耐烤、不易烤－耐烤、不易烤－不耐烤等，为制订烟叶烘烤工艺方案和烟叶烘烤过程管理提供基本依据。

二是将以上结果录入表 5–3（《采后烟叶成熟度检验及鲜烟基本素质记录表》），或在随身携带的笔记本里做好有关记录。

（二）掌握夹烟装炕情况

作为烘烤工艺方案制定者，还要对鲜烟分类情况及夹烟、装炕质量了如指掌。

每一炕烟叶烘烤都要将装烟总夹（竿）数和抽样调查的每夹（竿）鲜烟重量等重要数据，填入“烟叶夹持装炕记录表”（见表 6–2）。

表 6–2　烟叶夹持装炕记录表

________县________乡________烤房群　烤房号________　烟叶部位（轮次）________				
烘烤轮次	装烟总夹（竿）数	适熟叶夹（竿）数	欠熟叶夹（竿）数	过熟叶夹（竿）数
1				
2				
3				
4				
5				
6				
记录人________日期________				

以上数据是制订后续烟叶烘烤控制工艺方案的重要依据，也是烤后烟叶烘烤质量评价依据，因此必须重视。

（三）完善备烤，迎接烘烤

装烟完毕，要立即密封房体及通风排湿系统和加热系统有关部分，检查接线是否可靠，正确安装备用电池并接通电池电源（不可新旧电池搭配使用），明确烟叶烘烤思路，做好一切技术准备之后，即可生火进入烘烤运行阶段。

【案例分析】烟夹夹烟方法不当，导致烟叶严重烤坏。

某县在初次使用梳式烟夹时，出现整炕烟叶烘烤失败，造成严重经济损失，导致一部分烟农不敢再用梳式烟夹。

调查发现，出现上述问题主要是由于当地技术培训不到位，烟农没有真正掌握梳式烟夹使用的技术标准与作业方法。烟农装夹时将烟叶一张张整齐叠放，每个烟夹夹烟量平均接近20kg，而装炕夹数仍然多达300夹以上，烤房严重超装超载，烟叶变黄后烟夹内部排湿不畅，导致很多烟叶烤成“花片”，有的夹内甚至出现“烧心”现象。针对这种情况，县营销部通过进一步加强专项技术培训，指导烟农适量夹烟，将烟叶抖散后再装进烟夹，最终烟夹烘烤转为正常，烟叶质量令人满意。

第七章　精细烘烤，烤出满意的烟叶

第一节　烘烤段的工程意义和目标要求

一、烘烤段的工程意义

（一）定向改变烟叶性质

烘烤通过定向调控，将鲜烟叶转变成为符合工业需求的干烟叶。在此期间，烟叶发生了四大变化。

一是由青转黄。在水解酶类、呼吸酶类作用下，烟叶由青转黄。这是叶绿素的消退导致类胡萝卜素的比例不断增大的结果。

二是由湿变干。在烘烤过程中，随着烟叶变黄和逐渐排湿，鲜烟叶由含水膨胀状态变为凋萎干燥状态。在烟叶失水过程中，先是伴随着烟叶变黄及其内在物质的转变，而后逐渐制约着烟叶外观及内在变化。

三是由生变熟。从鲜烟到干烟的过程，是烟叶烘烤后熟的过程。在烘烤过程中，烟叶内部淀粉、蛋白质、氨基酸、糖分等物质发生一系列错综复杂的化学变化，并引起烟叶物理特性变化，而且，这些变化都是朝着有利于烟叶商品成熟度的方向进行的，直至烟叶成熟或充分成熟。

四是渐渐变香。在烘烤过程中，随着烟叶变黄、变干和变熟，烟叶中的香气物质不断生成和积累，由鲜烟叶的闻香寡淡变为干烟叶的香气四溢，由鲜烟叶的辛臭杂刺变为干烟叶的香味怡人。

（二）及时固化烟叶品质

烘烤的成功与否主要体现在烤后烟叶质量上，而烟叶质量主要体现在“色、香、味、形”上。质量是烟叶烘烤的生命线。精细化烘烤控制，就是强调人为管控，通过精细、精准、精密调控，使烟叶质量朝着人们期望的方向进行转变和发展，并在达到最佳状态时及时固定已经获得的优良品质。

但是，上述四大变化能否顺利发生，能否进行到位，能否及时停止，关键就在于烘烤段的控制技术。烘烤控制技术主要包括两大方面：一是通常所说的烟叶烘烤工艺方法，二是烘烤过程管理技术。二者不可或缺，也不可偏废。值得指出，生产上向来重视烟叶烘烤工艺方法，却不太重视烘烤过程管理技术，很容易导致烘烤失误。实际上，过程管理技术薄弱，再好的工艺方法也难以实施到位。

（三）体现流程联控绩效

烘烤段作业周期长，管理任务重，技术密集，要求高，影响大，是烟叶烘烤流程的核心工段。

由于烟叶烘烤的绩效与烘烤段联系紧密，以致很多烟区在考量烟叶烘烤绩效时，出现不是过分夸大烘烤段的贡献，就是过分夸大烘烤段的责任的情况。殊不知，烟叶烘烤绩效不仅是烘烤段的绩效，更是整个烘烤流程联控的绩效。备烤、采收、夹烟、装炕，都是烘烤的前奏和基础，试想，如果没有这些基础工程的技术整合和逐步铺垫，烘烤段就会成为“空中楼阁”，哪里还能取得什么理想绩效？

二、烘烤段的目标要求

（一）总体要求

烘烤的目标是使所烤烟叶充分烤黄、烤干、烤熟、烤香。

在上述四个目标中，“烤黄、烤熟、烤香”是烟叶品质由外而内、由低到高的发展过程，是烟叶质量的发展线。再好的鲜烟叶，如果不能充分烤黄，就不可能充分烤熟；如果不能充分烤熟，就不可能充分烤香，而且，一旦烘烤过熟，烟叶香气质和香气量就都会下降。可见，烤黄是烤烟烘烤的最起码要求，烤熟、烤香才是烤烟烘烤的最大追求。

在上述四个目标中，“烤干”的过程也很重要，它是烟叶品质调制的保障线，也是烟叶品质调制的控制线。变黄期“无水不变黄”，定色期“无水不坏烟”。如果在变黄期烟叶被快速烤干，叶内物质变化过早终止，烟叶品质调制就很困难，烟叶品质也就不可能发展；到了定色期，如果不能将烟叶及时烤干到一定程度或烤干得太慢，叶内物质变化过度，烟叶难以定色，也不可能获得好的品质。所以，“烤干”的过程必须服从于“烤黄、烤熟、烤香”过程。只有这样，才能取得“黄、干、熟、香”的预期结果。

（二）具体要求

一是充分转化烟叶性质，发挥各种烟叶潜在质量，烤黄、烤干所有烟叶，烤熟、烤香优质烟叶。

二是扬长避短运行烤房，发挥密集烤房性能优势，防止烤青和生黄，提高上等烟比例。

三是重视客户质量需求，改善烟叶烘烤工艺方法，不断提高烤后烟叶质量及其工业可用性。

四是基于备烤、采收、夹烟、装炕，充分实施烘烤控制，追求最大烘烤绩效。

精细烘烤（此处指烘烤段）是一种基于精细化备烤、采收、夹烟、装炕的烘烤要素的全面控制，而且，还要精于烘烤本身的过程管理与控制。譬如，过去各家各户自己烤烟，“人”的问题没有得到足够重视。现在，实施规模化、专业化、服务性烘烤，烘烤专业队必须重视烟叶烘烤各个方面“人”的作用，要充分发挥“人”的心智技能、操作技能和管理技能，同时，又将“人”自觉纳入“4M1E+”之中接受要求、监督和管理，全面提高烟叶烘烤能力。

第二节　烟叶烘烤工艺模式

一、烤烟密集烘烤工艺发展

（一）国外密集烘烤工艺发展

世界上最早的烟叶烘烤设备十分简陋，直到 20 世纪 50 年代后期至 60 年代初美国成功研制密集烤房后，多种能源和形式的密集烤房便在各国逐步发展并普及，烟叶烘烤工艺也随之简化，烟叶烘烤的过程逐渐被确定为变黄、定色、干筋三个阶段。后来，由于各国种植地域、生态、品种、技术及鲜烟等不同，逐渐形成了适应各自烤烟生产发展的烘烤工艺模式。1986 年，美国的查普林博士在贵州介绍了美国烟叶烘烤工艺。美国采用三段阶梯法烘烤烟叶，并在 38℃烟叶变为全黄时进入定色期。日本烟叶烘烤工艺主要采用阶梯式升温法，据 1982 年日本小川富的报道，与美国烘烤工艺相比，日本烘烤工艺变黄温度较高，为 40~43℃，美国为 38℃；日本干筋温度较低，为 68℃，美国为 74℃。与美国、日本均不相同的是，津巴布韦烟叶烘烤工艺主要特点是低温充分变黄，稳湿球温度，不断升高干球温度。烟叶的主要变黄温度为 34~38℃，湿球温度比干球温度低 2~4℃，此期间使烟叶基本变黄，并充分凋萎，达到变黄要求后才进入定色阶段，整个烘烤过程中湿球温度及烟叶组织温度相对稳定。澳大利亚密集烘烤主要利用烟夹作为装烟设备，其烘烤工艺基本分为变黄、定色、干叶和干筋四个阶段。

（二）国内密集烘烤工艺发展

20 世纪 50 年代以前，我国烟叶烘烤主要停留在经验阶段，烘烤人员靠感官了解烤房内温湿度状况，靠烧火大小和定期开天窗地洞掌握烘烤工艺，烘烤质量较差。20 世纪 50 年代末开始，烤烟干湿球温度计开始在生产中推广使用。20 世纪 80 年代前中期，三段式工艺被引入试验验证，但没有引起生产上的重视。左天觉博士等指出我国烟叶存在“营养不良、发育不全、成熟不够、烘烤不当”的症结。20 世纪 80 年代后期，我国烟叶生产开始逐渐转向质量效益型，通过中外技术合作，引进国外先进的品种、栽培和烘烤技术，烟叶生产长期存在的营养不良、发育不全的局面开始得到改善，鲜烟叶素质和烘烤特性也逐渐提高，在此期间形成了与之相适应的五段式、六段式、七段式及双低工艺等多段式烘烤工艺。

五段式烘烤工艺模式吸取国外低温慢烤的先进技术，继承前人经验的烘烤工艺精华，较多段式烘烤工艺更具先进性和可操作性。五段式烘烤工艺把烘烤的全过程明确地划分为两个变黄（底台叶变黄、二台叶变黄）、两个干燥（干叶、干筋）、一个过渡（44~48℃）共五个阶段。

低温低湿烘烤工艺模式（又称“双低工艺烘烤法”）将烘烤整个过程划分为六个工艺阶段。双低烘烤模式与其他烘烤模式比较最明显的工艺特点是：低温低湿变黄，低温低湿定色。

多段式烘烤工艺模式主要源于日本小阶梯多段升温工艺模式对中国烘烤工艺的影响，其工艺阶段划分较细，以七段式烘烤工艺应用较为广泛，有的烟区称其为小阶段烘烤模式。这种工艺将整个烘烤过程中的变黄阶段细分为变黄前期、变黄中期及变黄后期，将定色阶段细分为定色前期、定色后期，将干筋阶段细分为干筋前期、干筋后期。

三段式烘烤是我国现在应用最广的烘烤工艺模式，有广义和狭义之分。自烤烟引进中国以来，烘烤就被划分为变黄、定色和干筋三大阶段，几乎所有的烘烤工艺都是基于三段式烘烤工艺模式，无论其工艺阶段怎么划分，都能够归属于变黄、定色和干筋三大阶段，这是广义的三段式烘烤模式。狭义的三段式烘烤工艺模式是国外烤烟生产国普遍应用的简化烘烤工艺，其特点为注重烟叶采收成熟度，主攻烟叶内在品质，且呈现“三个温度‘一个速度’两个灵活”的“312”烘烤工艺。

（三）“双子型”烟叶烘烤工艺模式的产生

总览国内外情况，在不同烤烟种植区域，由于生态条件、烤烟品种、烟叶素质及烤房的不同，不能简单地套用普通烘烤工艺或某一种烘烤工艺方法。实际上，在不同的历史阶段，由于科技发展和社会经济条件、技术需求定位的不同，烟叶烘烤方式也不同。我们在广西研究制定的“双子型”烟叶烘烤工艺模式，正是基于当前烤烟种烤分离和规模化、专业化、服务性烘烤的发展需要，综合当前烟叶种植水平、鲜烟素质、密集烤房、密集烘烤夹持方式和烘烤对象的水分差异及来料数量差异等因素进行技术定位的，它是一种精细化的烟叶烘烤工艺模式，是一种可以广泛适用于专业化烘烤的烟叶烘烤工艺模式。

二、“双子型”烟叶烘烤工艺模式的研制背景

烤烟密集烘烤是以密集烤房为设备、以采后烟叶为对象、以烘烤工艺为手段的一种烟叶初加工活动过程。该过程是充分利用鲜烟叶的质量潜力和密集烤房的性能优势，将鲜烟叶烤黄、烤干、烤熟、烤香。在烟叶烘烤实践中，烤房设备性能相对稳定，而采后烟叶复杂多变，因此，制定烟叶烘烤工艺时，既要针对相对稳定的烤房性能，更要针对复杂多变的装烟实际，才能驾驭烘烤过程并取得令人满意的烘烤效果。

一个烟区的烟叶烘烤工艺通常通过以下三种形态，取得切实功效。

第一，烟区烟叶烘烤工艺模式。烟区烟叶烘烤工艺模式是烟区制定的烤烟烘烤工艺的标准样式，是烟叶烘烤基本原理与烟区优质烟叶生产实际高度结合的理论产物。作为理论化的工艺方法，烟叶烘烤工艺模式要有较好的区域针对性和宏观指导性，但再好的烘烤工艺模式，都要根据具体实际针对性地变通，才能保证烘烤工艺的针对性和有效性。

第二，一炕烟叶烘烤工艺方案。烟叶烘烤工艺方案是人们在某炕烟叶装炕后，根据鲜烟素质、烤房特点、烟叶夹持装炕情形等因素所确定的烟叶烘烤目标、烘烤策略及烘烤过程控制要领，烤前预设烘烤全程控制曲线是其重要体现。烘烤工艺方案是烟区烟叶烘烤工艺模式与具体烘烤实际相结合的产物，它既可让烟区烘烤工艺模式在烟叶烘烤实践中充分发挥指导作用，又可让烟叶烘烤具体实践较好体现，并不断丰富烟区烟叶烘烤工艺模式。理论与实际的充分结合是其成功的关键。

第三，一炕烟叶烘烤工艺过程。它是人们通过烘烤操作和工艺管理对烟叶烘烤工艺方案（如烘烤曲线）不断调整和持续完善的过程。客观上，一炕烟叶烘烤结束，其烘烤工艺才得以完整呈现。原则性与灵活性的完美结合，是烟叶烘烤工艺方案得以落实和完善的关键。

上述三种形态依次递进，就是一个烟区烟叶烘烤工艺从宏观到微观的逐步精

准的过程。其中，本烟区的烟叶烘烤工艺模式是指导和基础，没有它，一线烘烤就会缺失理论指导和共性基础，具体烟叶烘烤工艺及烘烤结果就会五花八门，烟区烤后烟叶质量风格和品质特色就难以定向并彰显均质化，所以，健全烟区烟叶烘烤工艺模式是一件十分重要的基础工作，而其直接目的，就是为制定切实可行的烟叶烘烤工艺方案提供指导。在实际生产中，往往由于烟区烟叶烘烤工艺模式设计不科学、不合理，与本地烟叶烘烤实际需要相脱节，从而很难变通应用，不能切实发挥工艺指导作用。

自十多年前推广密集烤房以来，我国各地研发出不少烟叶烘烤工艺模式，它们指向各异，但至今还没有哪一种模式能够较好地兼顾和应对烤房装烟量的大幅变化，而烤房装烟量的大幅变化，又是专业化烘烤实践中的常见现象。

科学研究和生产实践综合表明，采用挂竿密集烘烤时，烤房最适装烟量通常为 3500~4000kg，采用烟夹夹持烘烤时，烤房最适装烟量通常在 4000kg 左右，散叶密集烘烤烤房最适装烟量则又明显高于烟夹烘烤。烤房最适装烟量的大小，取决于烤房规格和性能，并与烟叶夹持方式和烘烤人员的技术水平有关。然而，受种植面积、田间成熟烟叶数量、烟叶采收成熟度标准特别是烟叶采收实际数量的影响，生产上夹持装烟密集烘烤（非散叶烘烤）的烤房实际装烟量，经常偏离适量装烟指标要求，低时仅有 2500kg 左右，高时高达 5500kg 以上，变化幅度很大。

近年来在烤烟专业化烘烤实践中，在面对烤房群和烘烤工场同部位烟叶烘烤中烤房装烟量忽高忽低和装烟量偏差过大的情况，由于缺乏科学合理的烟叶烘烤工艺模式为指导，烘烤人员们往往不知道该怎样确定烟叶烘烤工艺方案，烘烤决策的茫然影响了烘烤工艺的针对性和有效性。一旦烤后坏次烟叶较多，就会带来技术责任纠纷和经济赔偿问题，烘烤人员压力很大。

为了解决上述问题，我们在广西烟区研制出一种兼容烤房装烟量大幅变化的“双子型”烤烟密集烘烤工艺模式，其中：

子模式Ⅰ适于挂竿烘烤、烤房装烟量小于 4000kg、烤房装烟量在 4000~4500kg 但烟叶水分较小（鲜干比小于 5.5）的烟夹烘烤。

子模式Ⅱ适于烤房装烟量大于 4500kg 的烟夹烘烤、烤房装烟量在 4000~4500kg 但烟叶水分大（鲜干比大于 9.0）的烟夹烘烤。

新模式不仅能很好应对烤房装烟量的实际变化，而且很好地兼顾烤房装烟量多变条件下的烟夹烘烤和挂竿烘烤，还能显著提高烟叶烘烤质量。

三、“双子型”烟叶烘烤工艺模式

（一）子模式Ⅰ：三段六步柔性烘烤法

1. 工艺步骤

（1）变黄阶段

装烟后，烤房干球温度设置起点为33℃，湿球温度起点为32℃。

第一步：点火后先以1~2℃/h的升温速度达到33℃起点温度，然后以1℃/h的升温速度升温3h，使干球温度达到36℃，将湿球温度调节在35℃左右，保持干湿球温度稳定，稳温烘烤6~8h，使顶层烟叶黄尖8~12cm。

第二步：以1℃/h的升温速度升温2h，使干球温度达到38℃，将湿球温度调节在36.5℃左右，保持干湿球温度稳定，稳温烘烤20~24h，使顶层烟叶变为八成黄，叶片变软。

第三步：以1℃/2h的升温速度升温8h，使干球温度升到42℃，将湿球温度调节在36.5℃左右，保持干湿球温度稳定，稳温烘烤12~18h，使顶层烟叶变为九成黄且主脉变软。

（2）定色阶段

第四步：以1℃/2h的速度升温10h，使干球温度达47℃，将湿球温度调节在37℃左右，保持干湿球温度稳定，稳温烘烤16~24h，使顶层烟叶烟筋变黄，叶片小卷筒。

第五步：先以1℃/2h的升温速度升温6h，使干球温度达到50℃，将湿球温度调节在38℃，保持干湿球温度稳定，稳温烘烤4h，使底层烟叶的烟筋变黄，叶片小卷筒；再以1℃/2h的升温速度升温8h，使干球温度达到54℃，将湿球温度调节在39℃，保持干湿球温度稳定，稳温烘烤12~20h，使底层烟叶的叶片大卷筒，叶片完全变干。

（3）干筋阶段

第六步：先以1℃/3h的升温速度升温12h，使干球温度达到58℃，将湿球温度调节在39℃，保持干湿球温度稳定，稳温烘烤2h，以缩小烤房内温度极差；再以1℃/2h的升温速度升温8h，使干球温度达到62℃，将湿球温度调节在41℃，保持干湿球温度稳定，稳温烘烤2h，以加快低温区烟叶干燥；再以1℃/h的升温速度升温6h，使干球温度达到68℃，将湿球温度调节在42℃，保持干湿球温度稳定，稳温烘烤20h，使全炕烟叶的烟筋完全变干。

“双子型”烤烟密集烘烤工艺子模式Ⅰ见表7–1。

表 7-1　“双子型”烤烟密集烘烤工艺子模式 I（三段六步柔性烘烤法）

阶段	变黄阶段							定色阶段						干筋阶段					
		一		二		三		四		五				六					
干球（℃）	33		36		38		42		47		50		54		58		62		68
湿球（℃）	32		35		36.5		36.5		37		38		39		39		41		42
时间（h）	1	3	6~8	2	20~24	8	12~18	10	16~24	6	4	8	12~20	12	2	8	2	6	20
目标说明	起点温度	升温速度 1℃ /h	稳温 6~8h，使顶层烟叶黄尖 8~12cm	升温速度 1℃ /h	稳温 20~24h，使顶层烟叶变为八成黄，叶片变软	升温速度 1℃ /2h	稳温 12~18h，使顶层烟叶变为九成黄且主脉变软	升温速度 1℃ /2h	稳温 16~24h，使顶层烟叶烟筋变黄，叶片小卷筒	升温速度 1℃ /2h	底层烟叶烟筋变黄，叶片小卷筒	升温速度 1℃ /2h	稳温 12~20h，使底层烟叶片大卷筒（干片）	升温速度 1℃ /3h	缩小炕内温度极差	升温速度 1℃ /2h	加快低温区烟叶干燥	升温速度 1℃ /h	使全炕烟叶干筋
风机	水分大时高速 2h±		低速运转				高速运转						低速运转						

本工艺适用对象：①挂竿烘烤；②烤房装烟量小于 4000kg 的烟夹烘烤；③烤房装烟量在 4000~4500kg 且烟叶鲜干比值小于 5.5 时的烟夹烘烤。

本工艺针对气流下降式烤房，主控层次设在顶层。如为气流上升式烤房时将主控层次改为底层，本工艺描述中的顶层和底层需进行互换子模式Ⅰ的六步工艺描述主要针对气流下降式烤房，其主控层次在顶层，当遇到气流上升式烤房时，主控层次改为底层，六步工艺描述中的顶层和底层需进行互换。

子模式Ⅰ在建立起点温度和第一步的升温过程中，循环风机通常维持低速运转。当烟叶水分较大（含水率大于89%）时，将循环风机高速运转2h左右，以排除过多的烟叶水分；在第一步的稳温过程、第二步的全过程、第三步的升温过程中，循环风机通常维持低速运转；在第三步的稳温过程、第四步的全过程、第五步的第一次升温及稳温过程中，循环风机通常维持高速运转；在第五步的第二次升温及稳温过程、第六步的全过程中，循环风机维持低速运转。

2. 技术特点

第一，整个烘烤过程可称为“三步变黄，两步定色，一步干筋，六步烘烤”。烘烤全过程包括36℃、38℃、42℃、47℃、50~54℃、58~68℃等六个烘烤阶段，其中一至三步是变黄阶段，第四、第五步是定色阶段，第六步是干筋阶段。每个烘烤阶段都是先升温、后稳温，控温曲线呈阶梯状。

第二，在烘烤前期，“温和起步，温柔脱水，凋萎稍迟，变黄稍早”。“温和起步”首先是强调烘烤第一步运用低温（36℃）初变黄，其次，是从33℃开始就严格控制升温速度，让升温速度早早挂挡，防止烤房升温过急或排湿过快引起高温区局部烟叶烤青，在气流下降式烤房中要注意防止顶层烟叶青基、青片。对挂竿烘烤及适量装烟和少量装烟的烟夹烘烤来说，烤房排湿压力不大，即使烟叶水分较大，一般也能在特定时间内顺利排湿和安全定色，所以强调“温柔脱水，凋萎稍迟，变黄稍早”，即烟叶脱水宜缓不宜急，只要能赶上与变黄程度相协调即可，但不排除烟叶水分较大时于烤房点火前乃至点火后用高风速（2h±）排除烟叶过多水分。

第三，在烘烤中后期，“转火时机，不急不躁；定色干筋，湿球稍高”。密集烤房排湿快且很灵敏，转火过早时烟叶变黄程度偏低，容易将烟叶“烤生”，越是装烟量偏少时越容易面临烤生烟的风险，所以转火之前烟叶必须充分变黄。转火后，湿球温度控制很重要。对鲜烟素质好或结构紧密的烟叶，定色期湿球温度宜稍高，既可将烟叶烤黄，又可将烟叶烤熟、烤香、烤柔、烤亮。到干筋后期，湿球温度也以稍高为好，可促使烟叶增香、增色，并防止叶面发干，但湿球温度不宜超过44℃。

第四，在整个烘烤过程中，先是“中湿分层变黄”，而后“中速升温定色”，最后“慢加速升温干筋”。由于是挂竿烘烤或是装烟量不大的烟夹烘烤，在变黄期没有必要也不能使用低湿烘烤，有时甚至要保湿烘烤，因此，作为针对性设计的烘烤工艺子模式Ⅰ，最好的工艺策略之一就是采用中等空气相对湿度（干湿差1~2℃）促使烟叶变黄，并针对烤房装烟层次（一般3层），协调烟叶变黄与失水的关系，以及顶层烟叶与底层烟叶的变化进度，这样控制容易协调，易于进退，且没有风险。到定色前期即47℃烘烤段，主张多以1℃/2h的升温速度进行升温处理，既可防止升温过急烤生烟叶，又可防止升温过慢错过最佳初定色时机。到干筋期，55~58℃每3h升1℃，59~62℃每2h升1℃，63~68℃每1h升1℃，此种控制方法，既可防止烤房低温区局部烟叶烤不透，又可缩短高温阶段烘烤时间，防止烟叶香气在高温条件下过多挥发和损失。

（二）子模式Ⅱ：四段五步双低烘烤法

1. 工艺步骤

（1）变黄阶段

装烟后，烤房干球温度设置起点为33℃，湿球温度起点为32℃。

第一步：点火后先以1~2℃/h的升温速度达到33℃起点温度，后以1℃/h的升温速度升温3h，使干球温度达到36℃，将湿球温度调节在34℃左右，保持干湿球温度稳定，稳温烘烤8~12h，使顶层烟叶变为二三成黄；再以1℃/h的升温速度升温2h，使干球温度达到38℃，将湿球温度调节在35℃左右，保持干湿球温度稳定，稳温烘烤16~32h，使顶层烟叶变为八九成黄且主脉变软。

（2）过渡阶段

第二步：以1℃/h的升温速度升温4h，使干球温度达到42~44℃，把湿球温度调节在36℃左右，保持干湿球温度稳定，稳温烘烤14~18h，使顶层烟叶变为九成黄以上且失水至勾尖卷边，底层烟叶变为黄片青筋且失水至主脉变软。

（3）定色阶段

第三步：以1℃/2h的升温速度升温8h，使干球温度达到48℃，将湿球温度调节在37℃左右，保持干湿球温度稳定，稳温烘烤18~24h，使顶层烟叶变为小卷筒且主脉翻白八九成，底层烟叶的烟筋全黄且叶片勾尖卷边。

第四步：先以1℃/2h的升温速度升温4h，使干球温度达到50℃，将湿球温度调节在38℃，保持干湿球温度稳定，稳温烘烤4h，使底层烟叶的烟筋变黄，叶片小卷筒；再以 1℃ /2h 的升温速度升温 8h，使干球温度达到 54℃，将湿球温度调节在 39℃，保持干湿球温度稳定，稳温烘烤 16~24h，使全炕烟叶的叶片大卷筒，叶片完全变干。

（4）干筋阶段

第五步：先以 1℃ /3h 的升温速度升温 12h，使干球温度达到 58℃，将湿球温度调节在 39℃，保持干湿球温度稳定，稳温烘烤 2h，以缩小烤房炕内温度极差；再以 1℃ /2h 的升温速度升温 8h，使干球温度达到 62℃，将湿球温度调节在 40℃，保持干湿球温度稳定，稳温烘烤 8h，以等待低温区烟叶干燥；再以 1℃ /h 的升温速度升温 6h，使干球温度达到 68℃，将湿球温度调节在 41℃，保持干湿球温度稳定，稳温烘烤 30h，使全炕烟叶的烟筋完全变干。

“双子型”烤烟密集烘烤工艺子模式Ⅱ见表 7–2。

表 7-2 “双子型”烤烟密集烘烤工艺子模式Ⅱ（四段五步双低烘烤法）

阶段	变黄阶段					过渡阶段		定色阶段						干筋阶段					
		一				二		三		四				五					
干球（℃）	33		36		38		42–44		48		50		54		58		62		68
湿球（℃）	32		34		35		36		37		38		39		39		40		41
时间（h）	1	3	8~12	2	16~32	4	14~18	8	18~24	4	4	8	16~24	12	2	8	8	6	30
目标说明	起点温度	升温速度1℃ /h	稳温8~12h，使顶层烟叶变为二三成黄	升温速度1℃ /h	稳温16~32h，使顶层烟叶变为八九成黄，主脉变软	升温速度1℃ /h	稳温14~18h，顶层烟叶达九成黄以上，勾尖卷边；底层烟叶黄片青筋，主脉变软	升温速度1℃ /2h	稳温18~24h，使顶层烟叶小卷筒，主脉翻白八九成；底层烟叶烟筋全黄，勾尖卷边	升温速度1℃ /2h	底层叶烟筋变黄，小卷筒	升温速度1℃ /2h	稳温16~24h，全炕烟叶叶片大卷筒（干片）	升温速度1℃ /3h	缩小炕内温度极差	升温速度1℃ /2h	等待低温区烟叶干燥	升温速度1℃ /h	全炕烟叶干筋
风速	点火前，高速2h± 点火后，低速运转					高速运转								低速运转					
本工艺适用对象：①烤房装烟量大于4500kg时的烟夹烘烤。②烤房装烟量在4000~4500kg且烟叶鲜干比值大于9.0时的烟夹烘烤。本工艺针对气流下降式烤房，主控层次设在顶层。如为气流上升式烤房时将主控层次改为底层，本工艺描述中的顶层和底层需进行互换																			

子模式Ⅱ的五步工艺描述主要针对气流下降式烤房，其主控层次在顶层，当遇到气流上升式烤房时，主控层次改为底层，五步工艺描述中的顶层和底层需进行互换。

子模式Ⅱ在点火前的室温条件下，循环风机高速运转排湿 2h 左右；在第一步的全过程中，循环风机通常维持低速运转；在第二、第三、第四步的全过程中，循环风机通常维持高速运转；在第五步的全过程中，循环风机维持低速运转。

2. 子模式Ⅱ的基本特点及其与子模式Ⅰ的主要差异

与子模式Ⅰ相比，子模式Ⅱ将烘烤全过程由变黄阶段、定色阶段、干筋阶段三段式框架改为变黄阶段、过渡阶段、定色阶段、干筋阶段四段式设计，并将前期的 36℃烘烤段与 38℃烘烤段合并为一个烘烤段。之所以这样设计和控制，首先是因为烤房装烟量明显增大后，烤房脱水负担明显加重，脱水时间大大拉长，烤房不同层烟叶烘烤进度差异也明显增大，在变黄后期至定色初期增设一个“过渡阶段”，可使烟叶失水程度及时赶上变黄进度，烤房内部黄烟等青烟，且黄烟不变坏，青烟能变黄，既能保证全炕烟叶顺利变黄，又能保证全炕烟叶安全定色。其次，烤房装烟量的明显增大，可能是因为田间烟叶成熟较快，或是烤房容量总体不足，周转较慢，致使田间成熟烟叶多，采得多、装得多。烤房高温层（区）装有大量高成熟度烟叶，36℃下烟叶变黄压力不大，关键是要适当加大排湿力度，防止出现“硬变黄”。当然，烤房装烟量的明显增大，也有可能是烟叶采收失控，采得偏多，装得偏多。但无论是哪种原因所致，装烟过多时均会引起烤房内部“堆积效应”更大，烟叶发热、变黄更快，适当加快烟叶脱水，及早改善烤房上下的通透性，让顶层烟叶稍稍变黄和变软，是 36℃烘烤的基本任务，但 36℃烘烤只是 38℃烘烤的预处理，可以不视为一个单独的烘烤段。

与子模式Ⅰ相比，子模式Ⅱ烘烤起步挂挡温度也是 33℃（干湿差 1℃），但此后的控制渐渐不同，逐步显出“低温低湿变黄，低温排湿过渡，烤熟烤香干片，慢升温控湿干筋”的烘烤策略。二者工艺差异主要有以下 7 点。

第一，在装烟量正常或较少情况下，子模式Ⅰ的第一烘烤段于 36℃稳温，干湿差 1℃，稳温时间 6~8h，使顶层烟叶黄尖 10 ㎝左右，可不失水。而在装烟量偏多时，子模式Ⅱ第一次稳温虽然也是在 36℃，但干湿差扩大为 2℃，通过 8~12h 稳温处理，使顶层烟叶变为二三成黄，且略显失水。

第二，在装烟量正常或较少情况下，子模式Ⅰ的第二烘烤段于 38℃稳温，干湿差 1~2℃，稳温时间 20~24h，使顶层叶变为八成黄，叶片变软。而装烟量偏多时，子模式Ⅱ虽然也是 38℃稳温，但干湿差扩大为 3℃，稳温 16~32h，使顶层烟叶变为八九成黄且主脉变软。

第三，在装烟量正常或较少情况下，子模式Ⅰ的第三烘烤段于 42℃稳温，湿球温度控制在 36.5℃左右，42℃稳温时间 12h 以上，实现变黄期的烘烤目标，即“顶层烟叶变为九成黄且主脉变软”。而装烟量偏多时，子模式Ⅱ将 42~44℃设为烘烤“过渡段”，湿球温度稳在 36℃，稳温时间 14~18h，使顶层烟叶变为九成黄以上，勾尖卷边，底层烟叶变为黄片青筋、主脉变软。

第四，在装烟量正常或较少情况下，子模式Ⅰ的第四烘烤段于 47℃稳温，湿球温度常为 37℃，稳温 16~24h，使顶层烟叶达烟筋变黄，小卷筒。而装烟量偏多时，子模式Ⅱ于 48℃稳温，湿球温度一般在 37℃，稳温 18~24h，使顶层烟叶全部变为小卷筒、主脉翻白八九成，底层烟叶烟筋全黄、勾尖卷边至小卷筒。

第五，在 50~54℃烘烤段，两种子模式都是先在 50℃ /38℃稳温 4 小时，且都要求在实现“底层烟叶烟筋变黄小卷筒”后，经 8 小时升到 54℃ /39℃稳温，但装烟量正常或较少时，子模式Ⅰ稳温时间 16h 左右使全炕烟叶干片；而装烟量偏多的，子模式Ⅱ要求在 54℃ /39℃稳温 16~24h，目的是确保全炕烟叶都能达到干片要求。

第六，装烟量正常或较少时，干筋后期湿球温度稍高（42℃左右）；而装烟量偏多时，干筋后期湿球温度要求降低 1~2℃，目的是确保将烟叶干透。

第七，循环风机高速运行时间长短不同。装烟量正常或较少时，烘烤过程中高挡风速主要用在 42~50℃的烘烤区间，高风速持续时间相对较短；而在装烟较多情况下，往往从 38℃末就要启用高风速，直至烤到 54℃，高挡风速的持续时间大大拉长。

（三）“双子型”烘烤工艺模式的应用方式及步骤

第一步：大备烤时将子模式Ⅰ和子模式Ⅱ做成图表印刷在一张 A3 纸上，将其作为“烤烟精细化密集烘烤基本工艺”指南，粘贴在每座烤房的加热室外墙上，且与烤房自控器处于同侧，以便随时对照分析和学习参考。

第二步：在备烤基础上准确把握田间烟叶采收时机和采收成熟度，按照规范要求组织烟叶采收、夹持、装炕，其间系统掌握鲜烟素质与烘烤特性，并准确掌握烤房装烟总量。

第三步：根据该炕次烟叶素质、水分大小和装烟总量，选择合适的烘烤工艺模式（子模式Ⅰ或子模式Ⅱ）作为指导，制定具体烟叶烘烤工艺方案。

第四步：边烘烤，边观察，边修正，边完善，精细完成每一炕的烟叶烘烤。

（四）“双子型”烘烤工艺模式的优点

第一，模式总体呈“双子”构型，可做到有的放矢，分段兼容不同烤房装烟量的大幅变化，能较好满足烤烟专业化烘烤的需要。

烤烟密集烘烤工艺子模式Ⅰ和子模式Ⅱ具有密切关联性，可完全覆盖烤烟夹持式密集烘烤及不同装烟量的烘烤工艺指导需求。实践中，只要掌握装烟总量及烟叶水分大小，即可针对性选用子模式Ⅰ或子模式Ⅱ作为制定烟叶烘烤工艺方案的理论依据，使烟叶烘烤工艺决策变得更加务实且简便易行，大大提高了烟叶烘烤工艺决策的科学性。

第二，两个子模式本质相通，但针对的烘烤对象不同，烘烤工艺策略明显不同，一刚一柔，珠联璧合，不仅能充分发挥密集烤房的性能优势，还能充分发挥不同炕次鲜烟叶的质量潜力。

两种子模式都是根据烟叶品质调制原理和密集烤房工作原理设计的，都是在追求烤黄、烤干的同时，力求将烟叶烤熟、烤香。保证烟叶烘烤质量，是两种子模式的共同追求，但二者烘烤对象不同，工艺策略不尽相同。

子模式Ⅰ将整个烟叶烘烤过程设计为三段六步柔性烘烤法，密集烤房排湿能力很强，在适量装烟或偏少装烟条件下，一是必须强调烘烤前期“温和起步，温柔脱水，凋萎稍迟，变黄稍早”，否则烟叶容易烤青；二是必须强调在烟叶烘烤中后期“转火时机，不急不躁，定色干筋，湿球稍高”，否则烟叶容易烤生、僵硬、色差大且叶面发干；三是必须强调在烘烤过程中首先运用中等湿度使全炕烟叶分层变黄，然后以中等速度升温定色，到干筋期通过慢加速升温烤透烟叶并保持烟叶香气。整个烘烤过程“起承圆润，转合柔顺，刚柔相济，协调平衡”，故而称之为“三段六步柔性烘烤法”，这对装烟量适宜或装烟量偏少的夹持式烘烤来说，不仅能有效防止局部烟叶烤青、烤杂，还能将全炕烟叶烤黄、烤干、烤熟、烤香。

子模式Ⅱ将整个烟叶烘烤过程设计为四段五步双低烘烤法，该子模式采取“低温低湿变黄，低温排湿过渡，烤熟烤香干片，慢升温控湿干筋”的烘烤策略。

子模式Ⅱ之所以改变烟叶烘烤过程的烘烤段的划分和工艺策略，关键是因为烤房装烟量明显偏大后，烟叶变黄相对容易，但脱水难度明显增大，且烤房内部不同层次烟叶烘烤进度差异显著，如果不在变黄后期至定色初期增设一个“过渡阶段”，就很容易出现定色困难、出现杂色烟或烟叶烤黑现象，甚至低温区烟叶能否干透都成问题。子模式Ⅱ在变黄后期和定色初始增设一个“过渡阶段”，是柔性烘烤的表现，但从烤房空气湿度控制和烟叶脱水强度来看，又比子模式Ⅰ明显刚性。

第三，模式总体覆盖面大，临场应用灵活有针对，烤后烟叶优质高效。即使遇到多雨生态型或干旱生态型的非正常烟叶，也很容易变通烘烤。

第四，方便学习，容易掌握，是烤烟专业化烘烤的一种非常理想的工艺指导模型。

子模式Ⅰ和子模式Ⅱ适用烘烤对象不同，工艺策略也不同，前者柔性突出，后者刚性明显，无论学习还是应用，都有鲜明对比效果，加上二者机理相通，很容易让人理解、把握和实战应用。

二者的组合应用，不仅可以充分发挥不同鲜烟的调制潜力和密集烤房的性能优势，还可连续覆盖烤房装烟量的大幅变化，深受烟农喜爱和烘烤师们青睐。

第三节　烘烤过程技术管理

精细化烘烤过程技术管理主要包括烟叶烘烤工艺管理、烘烤操作管理和工况监管维护过程管理等。在做好备烤、采收、装炕后，关键要围绕烟叶烘烤目标，制订烘烤工艺方案，加强烘烤过程技术管理。过程管理基本程序如图 7–1。

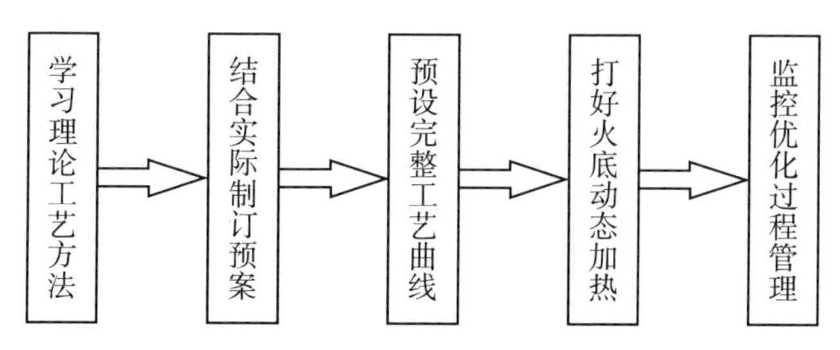

图 7–1　烟叶烘烤控制基本程序

一、学习理论工艺方法

学习理论工艺方法关键在于深入学习、科学理解并能灵活应用于本烟区的烟叶烘烤工艺模式，这是精细化烘烤过程技术管理的第一步，也是制订烟叶烘烤方案（预案）的基本功。如果没有这样的基本功，这个烟区的烟叶烘烤就会各行其是。而基地单元特色优质烟叶烘烤，首先要讲烟区的共性，然后再讲具体的个性。

烟区烟叶烘烤工艺模式是一种理论化的烟叶烘烤工艺方法，具有较好的区域针对性和宏观指导性，但实践中不能生搬硬套，而要在透彻分析、深刻理解的基础上，针对实际活学活用。

在研究烟区烟叶烘烤工艺模式时，要切实理解其应对不同烘烤对象时的烘烤起步、变黄、脱水策略，变黄末期转火策略以及定色、干筋升温策略，稳温策略，风机风速控制策略等。也就是说，要切实把握工艺模式的内在特点，而不仅仅是外在形式。本章第二节就是一个透彻分析、深刻理解烟叶烘烤工艺模式的范例。

学习、研究和理解，最终都为了实际应用。烟区烘烤工艺模式的灵活运用，涉及不同烤房类型、不同装烟方式、不同装烟量和不同素质烟叶的烘烤工艺。为此，烘烤之前要详尽掌握各种有关烘烤信息，区分烤房特点，明确装烟制式，如判定装烟量多少，烟叶水分大小，等等。此外，不同烤烟品种、不同烟叶着生部位或不同气候生态类型烟叶，其烘烤特性均有不同，对应的烘烤工艺模式也应有所区别。

需要强调的是，即使经过专门培训，在制订每一炕烟叶烘烤工艺方案之前，都要提前重温一次烟区最新烟叶烘烤工艺模式。

二、结合实际制订烘烤工艺预案

烘烤之前，要从鲜烟素质、烘烤特性、烤房性能、装炕质量以及用户要求等方面综合分析考虑，制订科学合理的烘烤工艺预案。

1. 根据鲜烟素质，定位烘烤目标

素质好的烟叶，质量潜力大，应主攻烟叶内在质量，兼顾烟叶外观质量，烤出本地烟叶质量风格，同时提高上等烟比例。

素质较好的烟叶，有较大质量潜力，应内外观质量兼顾，主攻上等烟比例。

素质较差的烟叶，质量潜力较小，应主攻外观质量，减少低次烟比例。

2. 根据烘烤特性，确定烘烤策略

易烤性好的烟叶失水不宜过慢，易烤性差的烟叶失水不宜过快；难失水的烟叶失水不宜过慢，易失水的烟叶失水不宜过快；耐烤性差的烟叶失水不宜过慢，耐烤性好的烟叶失水不宜过快。

水分偏大的烟叶变黄期宜“先拿水，后拿色”，防止脱水过慢而难以定色；水分偏小的烟叶变黄期宜“先拿色，后拿水”，防止失水过快而难以变黄。

3. 根据烤房性能特点，灵活实施烘烤工艺

密集装烟有“催黄效应”。变黄前期要充分利用“催黄效应”，到变黄中期适当利用，到变黄后期要慎重利用。

密集烤房强制通风，热风循环，既可低风速内循环重点促进烟叶变黄，又可高风速外循环重点促进烟叶失水。这使烟叶变黄和脱水定色游刃有余，但要灵活恰当使用。

密集烤房高风速时脱水快，能较快制约烟叶变化，但一不小心就容易使烟叶变黄不足，后熟不够。所以要在关键时刻发挥所长，大部分时间要柔性脱水。

密集烤房是个长方空间体，温湿差明显且有一定分布特点，烘烤各段都要注意兼顾高低温区烟叶变化进度。

不同烤房气流运动方向不同，温湿度分布方向不同，副传感器挂放层次不同，烘烤工艺设置不同，烘烤监控方式也不同。

4. 根据装炕质量信息，调适烘烤工艺方法

烟叶采收成熟度、采叶量及群体整齐度与变黄期长短、烟叶失水与颜色变化的协调及升温、脱水速度控制关系密切。成熟度偏低的或整齐度较差的，烘烤前期要慢排湿、慢升温，并将变黄期适当拉长；采叶量过大的，变黄期宜适当拉长，但脱水速度要跟进变黄速度，不能过慢。

烟叶分类夹持状况、装炕的“密、满、匀、齐，精准定位”状态，事关变黄期烟叶失水与颜色变化、变黄末期失水程度控制及“转火”速度快慢。凡是烟叶分类不够好或“密、满、匀、齐，精准定位”不够好的，烘烤前期要慢排湿，慢升温，变黄期宜适当拉长，变黄末期烟叶失水程度不宜过高，“转火”速度不宜过快。

烟叶分布好、同层烟叶同质化的，阶段性烘烤目标的群体保证率为90%左右。如果分布不好或同层同质化较差的，阶段性烘烤目标的群体保证率降为

80%~85%。

5. 针对工业用户要求，优化烟叶烘烤工艺

将用户需求作为制定烟叶烘烤方案的重要依据。要在满足用户共性需求的同时，满足用户个性需求，如烟叶成熟度要求、香气风格要求、主要化学成分含量及重要化学比值要求等等。这些都是基地单元制订烟叶烘烤方案的十分重要的依据。

三、预设完整工艺曲线

装炕完毕，要在明确烘烤基础、烘烤目标、工艺背景和技术需求情况下，及时设置本炕烟叶烘烤工艺曲线。工艺曲线设置完毕以后，再启动烘烤过程。值得注意的是，烤前预设的烘烤曲线必须是完整烘烤曲线，其理论基础就是本地烤烟密集烘烤工艺模式及其应用技术。通过烘烤曲线的提前设置能看到很多重要技术信息，而且，凡是烤前预设过完整烘烤工艺曲线的，往往能够得到更好的指导。

四、打好火底动态加热

预设完工艺曲线后，要及时添煤点火，烧火时不要过急，先小心生火，培育“火底”；然后调整火力，动态加热。精细化烘烤中的烤前准备工作至关重要，包括烤房密封性检查、电线路检查、煤料准备及炉膛清灰等准备工作，倘若这些前期准备工作未能充分做好，则不能轻易进行采、装、烤。在生产过程中就有烘烤作业人员在点火后至烘烤中后期陆续发现烤房密封不足、设备运行不正常、电线路出故障等问题，进而导致烤坏烟。

1. 小心生火，培育“火底”

在确保加热系统对外密封和内部通畅基础上，覆盖炉条里段，仅留靠近炉门的 1/3 段用于生火。保证“火种”下方通风良好，其余区域密不透风。

生火后，随着烘烤进展和供热需要，渐渐扩大“火底”，并于变黄后期接近最大，以适应变黄末期“转火”需要。

2. 调整火力，动态加热

保证煤炉正常燃烧。一是保证分层燃烧；二是适时拨火剔渣，添加新煤，使炉条上方的不同煤层依次下移和更替。

注意加煤技巧，协调加煤时机、加煤分量和加煤方法，尽可能减小火力波动。

烘烤过程中，基于“火底”培育，炉膛火力先是由小到大，烟叶定色以后，

再由大转小，动态满足烟叶烘烤的热量需要并节省燃料。

五、加强过程监控，优化工艺管理

在烟叶烘烤过程中，时刻关注烟叶变化、温湿度状态、设备运行情况，准确把握当前烟叶烘烤动态，及时做出相应调整。监控优化过程管理是烤好烟叶的根本保障。做好烤后烟叶烘烤质量检验和评价，为烤好下一炉烟叶做好铺垫。

（一）监控优化过程管理

1. 准确掌握烟叶变化

（1）正确判断变黄程度

正常烟叶要看完全变黄的面积占叶片面积的百分比例。10% 左右变黄为一成黄，20% 左右为二成黄，以此类推，黄片青筋为九成黄，黄片黄筋为十成黄。

（2）准确掌握失水程度

烟叶失水量 5% 以下时烟叶膨硬；失水 5%~10% 时烟叶软尖；失水 20% 左右时烟叶片软；失水 30% 左右时主脉变软；失水 40% 左右时勾尖卷边；失水 50%~60% 时小卷筒（叶片半干）；失水 70%~80% 时干片；失水 95% 以上时干筋。

（3）变黄与脱水对应掌握

通常，在烟叶全黄之前，“黄多青少”对应“叶尖变软”，“黄带浮青”对应“叶片变软”，“黄片青筋”对应“主脉变软”，“黄片黄筋”对应“勾尖卷边”；而在烟叶完全变黄以后，干球温度 48℃时烟叶须达到“小卷筒”，54℃时烟叶应达到“大卷筒”，68℃时烟叶应达到“全炕干筋”。

（4）掌握全炕烟叶变化

一是要横向看，看同层烟叶变化是否相近；二是要纵向看，看棚次之间的烟叶变化存在多大差异；三是要整体看，看高温区与低温区的烟叶变化存在多大差异。

2. 正确把握温度差异

在烟叶烘烤过程中，要经常检查烤房内部干湿球温度的高低和差异大小，以及时调整干湿球温度设置，使其保持相对稳定和动态适应。

检查时应先看主传感器的干湿球温度及其差值，后看副传感器的干湿球温度及差值大小。

结合前后左右、上棚下棚烟叶失水与颜色变化的协调程度及空间差异，判断炕内温湿度的分布差异与合适程度。

经过综合比较与判断，调整干湿球温度设置、稳温时间及升温速度。

3. 根据实际变通烘烤

烘烤过程中应边烘烤、边分析、边修正、边完善，使烘烤控制与实际需求高度吻合。一般而言，关键温度控制点不宜大动，但烘烤过渡温度要灵活；烟叶素质差异较大时，湿球温度高低要根据大多数烟叶失水与颜色变化的协调需要进行调整；当上一段稳温时间不够，烟叶变化未达预定要求时，下一段初始要进行补偿性调整；有时烘烤期间天天大雨，空气湿度很大，排湿效率很低，要耐心进行稳温排湿。

4. 保证烘烤正常运行

（1）烤中停电应急措施

第一，关闭烤房电网电闸；第二，炉膛捂火，并打开加热室检修门泄热，防止烤房内部温度过高；第三，备用发电机应急发电，并调好输出电压，在电压适宜并稳定后，分批接通（切换）烤房电闸到应急电源，恢复烘烤；第四，应急发电接通后，要查看风机是否反转，让热风循环恢复常态；第五，如果停电与应急发电间隔时间较长，烤房经过捂火、稳温，打开加热室检修门泄热较久，要防止烘烤工艺走偏并尽快恢复常态。

（2）烤中出现控制系统或执行机构故障时进行应急处理

应备有相应设备和零件，以便随时应急处理。循环风机容易故障停机的原因较多，如长时间处于过压（大于 418V）或欠压（小于 280V）状态，循环风机容易损坏；制造质量较差、安装不当、养护不力或遭遇雷电，也会损坏风机。如果有的故障难以及时解决，则要像停电一样采取捂火、泄热等措施。

5. 确保烘烤操作管理和烘烤工艺的连贯性

根据烟叶烘烤过程的不可间断性，专业化烘烤的班组作业必须建立交接班制度，完善交接班手续（见表 7–3），确保烘烤控制连续不断、无缝衔接、优质高效。

表 7–3　烤烟专业化烘烤交接班记录表（式样）

烤房群或烘烤工场　　　　　　　　　　　　年　　月　　日

交班人				接班人			
烘烤师姓名		值班时间		烘烤师姓名		接班时间	
上一班次交代的烘烤工况及遗留问题：				本班次跟进核查情况：			
本班次解决上一班次遗留问题情况：				本班次新遇到的但未解决的问题情况：			

（二）注重烤后烟叶质量检验

烟叶烘烤结束时，要及时进行烟叶回潮下炕，并进行烤后烟叶质量检验与评价。在专业化烘烤中，该环节是为了保障烟农和烘烤师的共同利益；同时，从技术方面，经对本炉烟叶烤后总结分析，为烤好下一炉作借鉴。质量检验方法如下。

步骤一：从烤前开始，装炕时将 5~6 夹（竿）烟样集中挂在烤房二棚第一、第二格交界处。

步骤二：烤后及时进行全炕烟叶回潮。当烟叶手感明显回软（含水率约 15%）时及时下炕。

步骤三：下炕时将上述 5~6 夹（竿）烟样完整取下，考查样烟叶外观性状并单独分级、填表（见表 7–4）。

步骤四：如果有烟农对本炕烟叶烘烤质量评价产生异议，则请仲裁机构派人现场复检和裁定。

步骤五：无论有没有进行争议仲裁，烘烤师都要对本炕烟叶烘烤质量进行检验分析，并肯定成绩、找出差距、分析原因，明确技术思路和整改方法。

表 7–4 烤后烟叶质量考查评价记录表

<table>
<tr><td colspan="5">________县________乡________烤房群烤房________号烟农________烟叶部位（轮次）</td></tr>
<tr><td>烟叶等次</td><td>等级</td><td>重量（kg）</td><td>重量合计比例（%）</td><td>全炕总体情况与烘烤技术问题分析</td></tr>
<tr><td rowspan="3">上等烟</td><td></td><td></td><td rowspan="4"></td><td rowspan="14"></td></tr>
<tr><td></td><td></td></tr>
<tr><td></td><td></td></tr>
<tr><td colspan="2">上等烟合计</td><td></td></tr>
<tr><td rowspan="3">中等烟</td><td></td><td></td><td rowspan="4"></td></tr>
<tr><td></td><td></td></tr>
<tr><td></td><td></td></tr>
<tr><td colspan="2">中等烟合计</td><td></td></tr>
<tr><td rowspan="2">下等烟</td><td></td><td></td><td rowspan="3"></td></tr>
<tr><td></td><td></td></tr>
<tr><td colspan="2">下等烟合计</td><td></td></tr>
<tr><td rowspan="2">等级外烟类型</td><td></td><td></td><td rowspan="3"></td></tr>
<tr><td></td><td></td></tr>
<tr><td colspan="2">等级外烟叶合计</td><td></td></tr>
<tr><td colspan="5">分级人________记录人________日期________</td></tr>
</table>

【案例分析】

事由：2015 年 5 月，广西百色靖西那耀烟叶小产地由于气候异常，大部分烟叶贪青晚熟，开烤后烟叶烘烤质量很不理想，烟农损失较大。当地烟草部门立即启动应急方案，邀请中国科学技术大学烟叶烘烤专家王能如一起“把脉”，以下是他在研讨会上的分析判断和解决问题的思路。

一、鲜烟素质分析

2015年前期干旱、后期多雨，那耀烟田土壤肥沃，施肥水平较高，前期干旱限制了土壤对烟株养分的及时供给，后期降雨使土壤不合时宜地释放养分，致使烟株贪青晚熟、发育异常，内在养分不平衡，外表不容易准确判断，大家仅仅将下部烟叶判定为返青烟，是不够准确的。

二、烘烤特性判定

尽管前期气候干旱，2015年的株高仍然较高，叶片也较大，主要原因是打顶后经常下雨（夹杂阴晴），光照不足，烟叶贪青（夹杂返青），嫩而难熟，干物质积累较少，大多身份很薄。同时，烟叶成熟不均匀，从叶尖到叶基，生、熟、老、嫩差别大，一烤就青基甚至青片，一烤就褐尖甚至褐片，或青或褐，黄烟比例就低了。

2015年那耀烟田的下部烟叶在烘烤特性上有以下三个特点。

1. 烟叶变黄非常艰难。由于前旱后雨，肥料后劲大，烟株二次生长，烟叶返青、贪青，导致烤中很难变黄。变黄期大多在90h以上，如果考虑隔天采收、隔天装炕，第一天烟叶的变黄期几乎都超过100h。即使这样烟叶还是大量烤青。

2. 烟叶失水先易后难。从理论上理解，烟叶总水分较大，束缚水比例较大。烟叶变黄前期（六成黄之前）失水快，一旦排湿快，就会烤青；而变黄后期（八九成黄）至定色前期（48℃）失水较难，变黄的烟叶尤其是烟叶变黄的部分，往往由于失水偏慢，剩余水分促成了杂色，严重时大块变褐。因此，烤后烟叶既青又褐，且大面积青、大面积褐。

3. 开头两烤表现不一。第一烤表现为很容易烤青，第二烤表现为既很易烤青，又易烤杂。

具体表现：烟叶贪青，成熟很慢，夹杂返青，加上采青，不少下部烟叶身份薄，结构紧，烤后容易形成平滑烟，或青或褐，坏的多，好的少。

烘烤难度：首尾难以同时解决，要么青多杂少，要么杂多青少。

三、试验结果与几点看法

1. 试验结果

第一轮烘烤期间进行了 3 次试验性烘烤。

第一烤，青烟比例仅为 2.05%，解决得相当好，但杂色烟比例达到 20% 以上。

第二烤，为减轻杂色，高温变黄，加快定色，结果杂色烟得到控制，黄烟率却变得很低（49.92%）。

第三烤，黄烟率提高到 70%，但上等烟比例只有百分之十几。

2. 几点看法

（1）调研区烘烤情况

调研区下部烟叶烘烤特性很差。既不易烤，也不耐烤；既易烤青，又易烤杂，甚至褐片和糟片。以致开烤以来，上上下下都想烤好，但就是烤不好。

（2）调研区情况分析

调研区的烟叶属于“前期干旱、后期多雨，贪青晚熟、雨后返青”类烟叶。前期干旱，生长尚可但发育受阻；后期多雨，吸氮晚发且贪青难熟。这与通常所讲的“返青烟叶”有相似之处但有很大不同。通常的“返青烟”是指已经落黄成熟、即将采收却遇雨返青的烟叶。“返青”的影响是当前的、短暂的严重影响。“贪青”的影响是深刻的、长远的严重影响。

（3）2015 年下部烟叶烤不好的主要原因

一是气候特殊，鲜烟素质低，烘烤特性差。

二是采收质量低（包括务工质量），尤其采收成熟度低。

烤后青烟比例与采收成熟度高低关联度很高。近来，过熟烟比例非常小，而生烟比例特别大。烤前生烟有多少，烤后青烟几乎就有多少。只有成熟的烟叶才能烤出较好的质量。

三是技术决策偏差。基层遇到问题时虽积极寻求解决办法，但对生态背景判断不够准确，对品种特性注视不够，对具体问题未能进行全面分析。

四是栽培管理和烘烤技术水平问题，基础不牢。

（4）2015 年中上部烟叶的烘烤质量将取决于三个方面

一看天气。

二看大田后期管理。如叶面施钾，清沟沥水，及时除杈。

三看此后的烘烤技术能否到位，烘烤管理是否精细，尤其是技术上有没有改进。

四、下一步相应技术对策

第一，成熟采收烟叶。原则上，要保证叶片基部不烤青。如何才能成熟采收？一是提前几天深入烟田进行观察；二是协调采收成熟度与采收量的关系，从而提高采后烟叶中的成熟烟叶比例；三是下田采摘之前要通过实物短训，统一大家成熟采收的最低标准；四是培训务工人员，做到成熟采收，适量采收；五是重视现场管理，多次巡检，不断纠偏。

第二，集中采夹装烤，力求当天完成。但出现了 2 天，甚至 3 天才完成采装的情况，人为扩大了烟叶鲜活度和鲜烟素质差异，首尾难以兼顾。

第三，贪青晚熟烟烘烤的最大矛盾是变黄期开始脱水不好控制，烤到变黄后期至定色初期又容易褐变，所以，装炕不能过密，八九成为宜。

第四，分类夹持均匀满炕，原则上，使同竿（夹）烟叶同质化；要背靠背地散开夹持烟叶；夹持装炕要均匀；竿头留空要短；装炕以后没有风洞。

第五，精准烘烤监控，尤其传感器和自控器。一是两者性能正常；二是传感器灌满清水；三是传感器的安装位置要精准，要按规定挂放。

第六，鲜烟素质如果没有大的改善，建议采取“高温变黄，低温定色，边变黄，边定色”的烘烤方法（注意：如果天气变好，鲜烟素质变好，就不宜采取下面的烤法，而要转为正常烘烤）。

（1）高温保湿变黄，降低湿球凋萎

将 38℃（干湿差 0.5~1℃）作为预变黄温度——使顶棚烟叶五成黄（保湿不是不排湿，必须有一定干湿差），将（40~42）℃ /35℃作为主变黄温度（40℃是重点，且湿球温度明显较低）。前者是让烟叶发汗，后者是让烟叶有效变黄，并且协调好烟叶变黄与失水的关系。

（2）适度变黄，提前转火（降低变黄期变黄标准）

变黄后期要使烟叶及时脱水，烤房及时排湿，确保减少内含物消耗并防止杂色。顶棚叶七八成黄（叶片软至脉软）时，即可从 1℃ /h 升温到 42℃，湿球温度 35~36℃（一般 35℃），通过稳温烘烤，使顶棚烟叶黄带浮青、主脉变软甚至勾尖卷边。

（3）低温低湿定色，边变黄，边脱水，边排湿，边定色

雨后返青烟成熟不均匀，基尖成熟差大，需边变黄、边定色，分层变黄，分层定色，烧火要准，升温要稳。具体步骤：烤至顶棚烟叶黄带浮青、主脉变软时

立即转火，并以 1℃ /2h 升到 44℃ /35~36℃左右过渡定色；在 48℃ /36℃初步定色；在 54℃ /38℃完成定色。操作上，42℃烘烤完成后，以 1℃ /2h 升温到 44℃，湿球温度 35~36℃，使顶棚烟叶小卷筒，底棚烟叶黄片青筋，主脉变软，“青烟赶黄烟，黄烟不变坏”。47℃（湿球温度稳在 36℃左右）充分延长，在此条件下减微青，防蒸片，使底层烟叶完全变黄且小卷筒。此后以 1℃ /2h 升温至 54℃干片。

第七，仔细加强烘烤管理。

在岗值班，持续监控。

42℃之前进炉观察 4 次以上。

相互交流。

后记：研讨会一致赞成王能如教授的发言，当即在内网传播，要求严格根据这个思路，进一步抓好烟田管理和烟叶烘烤，很快烟叶烘烤效果就能大为改善。

案例启示：运用精细化烘烤思维，尤其采用流程分析法和系统要素分析法，结合 PDCA 循环法，对当地烟叶烤情进行科学分析，针对性地提出技术改进思路和措施，就能有效解决烟叶烘烤实践中的难题。

第八章　密集烤房设备管护

2000 年以来，由于推广力度大，密集烤房很快就在我国各个烟区全面覆盖，然而由于各种原因，烤烟生产一线密集烤房设备管护一直没有跟上形势发展的要求。随着时间的推移，设备老化和问题的积累使得烟区密集烤房设备管护压力愈来愈大。密集烤房设备管护工作亟待加强，刻不容缓。

第一节　密集烤房设备的管护需求和意义

一、烘烤季烟叶烘烤设备的保障要求

在每年的烘烤季，密集烤房使用率较高，但故障率也较高。要保证密集烤房的正常运转并实现优质、高效烘烤，必须做好烤房设备保障。

1. 数量保障

烤房设备基数充足，数量需求匹配率为 100%；自动控制系统设备（主机和各种执行器）预备率不低于 5%。

2. 质量保障

烤房设备性能良好，完好率为 100%，能够安全优质烘烤。

3. 时间保障

烤房能够顺利周转，到位率为 100%。只能“炕等烟”，不能“烟等炕”。

4. 技术保障

密集烤房设备档案齐全，技术特点记录明晰，能为烤房的合理使用提供科学依据；密集烤房设备使用、管理、维修、保养技术，要尽快达到专业化水平，以满足专业化烘烤的服务需求。

二、烟区密集烤房设备的管护现状

第一，密集烤房设备陈旧，老化加快，烘烤隐患日益增多。

由于烤房设备使用环境特殊，随着时间的推移，目前很多烟区密集烤房处于设备陈旧、老化加快的阶段，有些设备甚至超期服役，烘烤隐患日益增多。

第二，密集烤房状况复杂，而档案建设普遍不齐全，档案资料的利用也很不充分，既不能做到合理使用，又人为增加了烘烤隐患。

几乎在我国所有烟区，密集烤房的结构性能都是由相对低级阶段发展到相对高级阶段。早期，很多烟区“摸着石头过河”，密集烤房有不同版本、不同制式、不同厂家设备。后来，中国烟草总公司通过优胜劣汰机制，将密集烤房版本和设备厂家的范围逐渐缩小。但密集烤房是烟叶烘烤专用设备，也是烤烟生产固定设备，加上早期低版本密集烤房几经维修甚至整体设备更新，以致目前的在烤状态相当复杂，为密集烤房的合理使用增添了一定难度。因此，随着时间的推移，密集烤房设备的技术资料的重要性将会日益突显。然而，不少烟区密集烤房设备档案并不齐全，有些烟区虽然积累了一些档案资料，但这些技术资料尘封已久，人为增加了烟叶烘烤安全隐患和运行故障，同时，由于密集烤房的有些特点（尤其土木建筑部分）不够明确，很难扬长避短与合理利用。

【报道传真】云南省红河州石屏县牛街镇36群491座密集烤房，土建形式有3种，烤房设备来自2个供应商，共有3种规格，因设备损坏、业主无能力维修而闲置的烤房有1群6座，因设备老坏、发挥不了效益而需要翻新改建的有132座（含闲置的6座），非标准、设备性能差但还能使用的有145座，设备运行性能稳定、控制仪表能实现自动控制、烟叶烘烤效果好、受烟农喜爱的烤房有214座。

第三，重建设、轻管理，重使用、轻维护。人们非常关心密集烤房建设，十分重视烤房设备配置，但烤房设备管护意识不强，管护力度较弱，烤房总体状态较差。在个别地方，密集烤房甚至出现过“有人建、无人管”的尴尬现象。在烤房设备维护方面，很多烟区只重视烤房设备的事（故）后维修，而未重视事（故）前维修，设备保养不够规范，烤房甚至带病运行，很难发挥密集烤房（系统）的性能优势。

第四，烘烤专业队烤房设备维护的总体水平亟待提高。烟区密集烤房管理、设备安装及使用维护业务，大都是由烘烤师或烟农负责操作。其中很多人业务上并不专业，加上烟区密集烤房设备管护制度尚未完善，生产一线密集烤房设备管护水平参差不齐，总体低下，这种状态如不尽快改善，势必积重难返。

由此可见，对于目前我国烟区密集烤房设备的管护，既要提高认识、高度重视，又要改进管理、管护到位。

三、密集烤房设备管护的意义

密集烤房设备是烟区烟叶生产力的重要组成部分和基本要素之一，是烟区从事烟叶生产的重要工具和基本手段，是各个烟区烟叶生产力发展水平的物质标志，也是烟区生存与发展的物质财富。管好、用好密集烤房设备，提高密集烤房

设备管护水平，对烟叶优质高效烘烤、促进烟农增产增收和促进烟区技术进步乃至烟叶生产的可持续发展，具有十分重要的意义。

（一）密集烤房设备管护是密集烤房系统优化的重要保证

密集烤房系统包括围护、装烟、加热、通风排湿、自动控制、烟叶变化检视六大子系统及其供电系统。无论其中哪个子系统出了问题，密集烤房性能都会下降，甚至无法正常运行。

密集烤房是现代技术装备和物化技术手段的一种集合，具有很强的整合功能和技术优势。但烤房设备长时间处于高温高湿或露天环境，金属器件容易锈蚀，土木结构也容易损坏，这不仅影响着密集烤房的使用寿命，还严重影响着密集烤房的整体功能，给新一年的烟叶烘烤造成严重困扰。

（二）密集烤房设备管护是烤烟烘烤技术要素全面优化的保证

烟叶烘烤过程控制质量，取决于“4M1E+”的全面控制和全程控制，各环节必须全面优化，弱一不可。推广密集烤房这种现代烟叶烘烤技术设备，直接目的就是要强大烟叶烘烤技术体系，而进一步的作用就是驱动整个烟叶烘烤技术体系上水平。古人云，“工欲善其事，必先利其器”，就是这个道理。

（三）密集烤房设备管护是烤烟优质烘烤的重要保证

烟叶烘烤质量取决于对烘烤流程每个工段技术要素的控制，烤房设备是烟叶烘烤技术要素之一，对烟叶烘烤质量具有直接影响。烤房性能好、状态好，烟叶烘烤质量就好；烤房性能差、状态差，烟叶烘烤质量就差。在烤房管护方面，有时一个细节的疏漏，都会降低烤后烟叶的质量。

（四）密集烤房设备管护是烤烟高效烘烤的重要保证

密集烤房设备更换费用较大，花费时间较长，专业要求较高，如果不能精心保养或及时维修，靠“临时抱佛脚”，势必延误烘烤，既影响烟叶质量，又浪费工时，增加了维修成本，降低了烘烤效益。一旦装烟后烤房出现停工、返工现象，还会造成严重损失。

（五）密集烤房设备管护是烤烟专业化烘烤可持续发展的重要保证

第一，加强密集烤房设备管护，保证烟叶“优质、高效”烘烤，不仅能提质、增产、增效、增收，能有效提升专业化烘烤服务信誉，大大提高广大烟农的种烟热情。

第二，延长烤房设备使用寿命，促进烟叶产业发展。新建密集烤房使用寿命一般是 8~10 年，密集烤房设备管护不是一蹴而就的事情，而是一场持久战，如果没有引起足够重视，密集烤房的使用寿命就会大打折扣，影响烟区的可持续发展。

第三，烤房设备管护质量，是一个烘烤集群或烟叶产地烟叶烘烤服务状态、精神面貌、科技管理水平和综合生产能力的重要标志。

四、密集烤房设备的管护原则

目前，我国烤烟生产使用的密集烤房是一种半机械化烟叶烘烤设备系统，既有诸多机械设备，也有大量土建部分。密集烤房设备管护包括烤房设备的管理与维护。

密集烤房设备管理着重强调烤房设备的“用（使用）管（管理）结合”；密集烤房设备维护着重突出烤房设备的“修（维修）养（保养）结合”。“用管结合”可大大提高密集烤房的利用效率，大大改善密集烤房的使用状态；“修养结合”可有效防止密集烤房设备性能劣化，有效降低密集烤房的失效（控）概率。因此，两个“结合”是密集烤房设备管护的基本原则。

第二节　烘烤季密集烤房的使用

一、烘烤季密集烤房的使用管理

（一）面向烟农实行统一管理

万事开头难。在密集烤房推广应用早期，由于条件限制，密集烤房分散建设，分户使用，烤房设备管护没有真正提上议事日程。在烤房集群化建设以后，这种传统的烤房分户使用状态仍在许多地方沿袭下来，影响密集烤房的统一管护和集中调配统筹使用。传统烤房成了烤烟专业化烘烤的障碍因素，甚至影响烟区的规模化种植与可持续发展。

在实行专业化烘烤以后，不少烟叶小产地已将密集烤房集中统管，统筹使用，设备完好率与烤房利用率大大提高，关键是密集烤房的使用与管理不再受各户烟农制约，烤房资源配置及使用效率都可得到充分发挥。不过，仍有许多地方没有对密集烤房实行集中统管，这种局面要尽快改善。

（二）面对烤房实行分期管理

密集烤房设备的使用期管理可分初期管理、中期管理和后期管理。

初期管理是指烤房自验收之日起到使用一年或两年时间内，对实际使用、厂家保修、状态监测、故障诊断，以及操作、维修人员培训教育，维修技术信息的收集与处理等全部管理工作，建立烤房固定资产档案、技术档案和运行维护原始记录材料。

中期管理是指烤房保修期结束后的管理工作。中期管理有利于提高设备的完好率和利用率，降低维护费用，得到较好的投资效果。

后期管理是指从烤房投入使用8年左右至报废阶段的管理工作。对性能落后、不能满足烘烤需要以及设备老化、故障不断、需要大量维修费用的烤房，要及时进行整体性改造和设备更新。

（三）面向应用加强档案管理

做好台账，建好档案，可随时掌握密集烤房性能特点和设备状态，可有效加强烟叶烘烤风险防控，确保烟叶烘烤质量，提高烟叶烘烤效益。

1. 建立烤房原始档案

在一个集群的烤房个体，往往存在建造年份、设计版本、设备厂家、气流方向、装烟方式及性能特点差异。在密集烤房的建造阶段，各地烟草部门一般都存有原始资料，将这些资料拷贝给每个烤房集群，可为各小产地的烟叶烘烤及烤房设备管护提供指导。如果进一步记录了密集烤房的生产缺陷（不完全依据当初烤房建造的验收结论），那就更有实践指导意义。

2. 建立烤房维修档案

烤房维修档案主要记录维修项目、维修时间、维修人员及其来源单位。烤房维修资料的存档和积累，可为密集烤房的长期使用、分期管理和及时改造提供指导。

3. 用好烤房档案资料

烤房设备档案是一类很好的技术资料，它们贵在建设，更贵在应用。如从使用需要看，无论是气流运动方向、装烟方式，还是实际建造结果、生产缺陷及其最终的性能特点，都将影响密集烤房的使用及改造，尤其关系到一座烤房如何得到合理使用，以及在使用过程中如何扬长避短。然而在很多地方，烤房设备档案都是一笔糊涂账。

建好烤房档案资料，用好烤房技术资料，是精细化烘烤的重要工作之一。

二、烘烤季密集烤房的使用操作与保养

（一）密集烤房的使用操作

1. 规范烤房设备操作

（1）烤房装烟操作

有关具体内容详见第四章。烤房装烟不仅要讲究操作程序与方法，还要掌握

烤房装烟量、每夹（竿）鲜烟重量及传感器位置等工艺参数的精准把握。

（2）自控仪操作

①使用前应仔细阅读密集型烤房自控仪使用说明书，了解控制面板上按键的作用，熟练掌握使用方法。②每次烘烤之前，检查每一个接线插座是否连接可靠。③切勿使输出短路，否则会烧坏可控硅、继电器及电路板。④检查任何带电设备之前，必须断开自控仪电源。⑤每次烘烤结束，必须把自控仪切换到非运行状态并关闭电源。

（3）烧火操作

主要是注意生火、添加燃料和火底培育方法，既不能烧成“跑马火”，也不能烧成“憋火”，要动态满足烟叶烘烤工艺温度及通风排湿需要。具体操作要求因燃料种类、具体炉型及烟叶烘烤进程而异。

（4）循环风机操作

①点火后，必须开启循环风机通风，烘烤期间不得停止循环风机。②烘烤期间要巡回检查循环风机是否有漏油、缺油、支架松脱、振动、缺相、过载和电流不平衡等异常现象。③停电后再次通电或更换循环网板等情况时，应及时检查循环风机风叶旋转方向。④烘烤结束时炉膛停火后，不得直接关闭循环风机，而是继续开启，待炕内温度降到 45℃以下方可关闭循环风机电源，以保护循环风机不被烧坏。

（5）清灰操作

为提高设备的换热效率，防止因供热设备换热管道堵塞影响烘烤作业，在烘烤过程中要根据燃料特性及堵塞情况，适时打开清灰门，使用清灰耙清灰。若使用灰分高的褐煤作为燃料，每烘烤一炉烟后至少应清灰一次；使用灰分少的无烟煤，每烤 2~3 炕应清灰一次。

（6）风机损坏处理

循环风机是密集烤房的关键设备，一旦发生故障而又得不到及时修复或更换时，将会出现烤坏烟的情况，造成烘烤损失。因此应有必要的应急措施：①应预存备用风机。②一旦循环风机损坏停机，及时更换备用风机。③更换循环风机后，应开机检查风机旋转方向，若方向不对，应在三相开关片调换线头，保证风向正确。④如果一时没有备品供应，应根据烘烤进程采取捂火、稳温、泄热等应急措施，并尽快修复循环风机，尽可能减少停机的影响。

（7）电网停电处理

①设备运行中若发生停电时，应及时启用备用发电机供电。②启动发电机之前，应先将每座烤房的电源开关拉下。将倒顺开关拨向发电机供电闸门上，检查循环风机的旋转方向。③发电机供电前，应调整发电机的输出电压，待其稳定后才能送电，因为电压过高或过低，都会损坏风机。④要逐个烤房合闸复电，并检查循环风机的旋转方向，检查自控仪工作是否正常。⑤根据停电时间长短，烟叶变化情况，相应调整烘烤工艺。⑥若发生长时间的停电，而备用发电机又不能及时供电，应撤出炉膛内燃烧物，打开检修门排热，防止热风室温度过高烧毁循环风机叶片或电机。⑦待来电电压稳定后，发电机停止供电，关闭各个烤房的电源开关，将倒顺开关切换到电网供电方向，各烤房分别合闸、检查循环风机的旋转方向，避免出现风机逆转而烤坏烟叶。

（8）发电机应用

使用发电机时首先要关闭控制器的空气开关，确保控制器和发电机断开连接，然后启动发电机，调整电压到额定值（单相为 220V AC 零线、火线之间；三相为 380V AC 相线之间），等电压稳定后再打开控制器空气开关，控制器和风机运转后如果发电机输出电压变低，可微调发电机电压到额定值；如果是烤房群共用一台发电机，要注意每次只能开一座烤房，待该烤房风机运转后调整发电机电压到额定值，每开一座重复以上操作。

2. 制定烤房操作规程

密集烤房操作规程是正确掌握密集烤房操作技能的技术性规范。目前，由于各种原因，很多烟区都未系统规范烤房操作。

密集烤房操作规程是根据密集烤房及其设备的结构性能、运行特点及安全运行要求所制订的烤房操作规范，包括在烤房操作过程中必须遵守的一些事项。下面列出 10 个条目供实践参考。

A. 烤前现场清理和设备状态检查的内容和要求。

B. 操作烤房设备必须使用的工具。

C. 烤房设备运行的主要工艺参数。

D. 烤房设备的操作程序和注意事项。

E. 烤房金属设备的润滑方式和要求。

F. 烤房设备点检、维护的具体要求。

G. 烤房设备常见故障的原因及排除方法。

H. 烤房停电后的操作程序及注意事项。

I. 烟叶烘烤交接班记录和注意事项。

J. 密集烤房操作人员的技能要求。

（二）密集烤房设备的使用保养

1. 烤房设备养护要求

（1）养成自检习惯

为使设备能够正常运转，保证烟叶烘烤质量，各岗位烘烤人员要统一思想，从小事做起，从我做起，认真、细致地做好每一件事情。

第一，烤房设备安装以后，要在使用之前先对设备进行检测。如装烟前，先要例行检查主副温湿度传感器挂放位置，水壶灌水情况。如果不做例行检查，一旦主副传感器相互错位，水壶尚未装水或未装满，将会导致烘烤故障。而在烘烤过程中要进入烤房排除故障，不仅费时费力，还会影响在烤烟叶质量。

第二，单炉烘烤结束后，要注意烤房设备的必要检修和保养，确保烤房和自控器处于完善状态。通常更多关注炉膛清灰、换热器内清灰、插座安全、循环风机主轴和冷风进风门轴承润滑、控制器电池电源的正确使用，以及在上一炕烘烤运行过程中发现的烤房设备故障隐患。

（2）追求“零化管理”

在 TPM（Total Productive Maintenance，全员生产维护）活动中，“零化管理”意味着在现场现物条件下，实现“零灾害、零不良、零故障”，将所有风险排除。在烘烤季节中，在每炕烘烤结束后，要对设备进行简单维护，对供热设备换热管道进行清灰，以保证煤炭正常燃烧，提高热量利用率。

2. 烤房设备保养措施

密集烤房的烘烤设备有的长期处在高温高湿的环境中，有的则暴露户外，容易锈蚀、松动和损坏，因此，除设备生产厂家提供的产品维护外，每烘烤一段时间，都要注意例行检查和简易保养，确保每一次烘烤顺利进行。每年烤季结束后，要进行全面保养，以保证下一年的安全生产，并延长设备使用寿命。

（1）清扫

在烟叶烘烤运行期间，要定期清理换热器内的积灰，使换热器内保护干净，既保证燃料顺利燃烧，又减少热量损失。设备运行期间每烤一炕烟至少要清理一

次。若烤房长时间未用，还要清理换热器内积灰。

需要强调，对机械设备的清扫不能局限于表面上的清洁，还要将犄角旮旯清扫干净，让设备部件的磨损、噪声、松动、变形、渗漏等缺陷清晰地暴露出来，以便及时发现，及时排除。

（2）润滑

在少油、缺脂情况下，机械部件润滑不良，运转异常，部分零件会过度磨损，所以，对机械设备（包括循环风机、排湿机构、助燃风机、电机等）的所有转动部位及缺油轴承，要定时、定量加油保润。除开烤之前与烤季结束各进行一次全面保养外，烘烤期间应在下部烟叶烤毕和中部烟叶烤毕再分别进行一次保养。

（3）紧固

要在所有螺帽、螺钉涂油润滑后，一次性调紧，防止部件松动、振动、滑动、脱落造成故障。传动皮带松弛时要及时调紧。此外，还要注意木制设备的紧固，如装烟架，防止其松动和偏移。

（4）堵漏

一是防止炕体泄热、漏气；二是防止加热系统漏气、漏烟。

（5）加护

即增加防护装置。如电机整机必须进行防雨、防尘处理。又如烤房顶部，由于长期风吹、日晒、雨淋及干湿冷暖交替，烤房顶部容易产生裂缝而漏雨和漏气。近年来，不少烟区在烤房顶部加盖防护层，较好地解决了这个问题。

3. 建立密集烤房设备管护岗位责任制

为改善现状，烟区基层站点要就密集烤房设备使用、维修、保养、保管等管理工作，尽快制定岗位责任制和奖惩激励机制。

第一，明确地方烟草企业、产区烟农专业合作社与有关各级、各岗位人员对密集烤房设备的使用、维修、保养（管）及管理的责任。

第二，对操作人员建立烤房设备操作、维护专人负责制，并实行点检制（规定时间和方法，对设备上的规定位点进行预防性检查）及交接班制度。

第三，对维修人员建立区域负责制、巡回检查制、重点设备定检制等。

第四，将烤房设备的岗位责任制和经济责任制紧密结合起来，将烤房设备的使用、维修、保养管理的好坏与业者个人经济利益进行挂钩，以利烤房设备岗位制能够长期坚持下去，确保烤房设备能够长期发挥作用。

三、烘烤季密集烤房的设备维修

（一）密集烤房设备维修的若干技巧

1. 养成“三多”习惯

故障的形成是渐变的过程。通常我们说故障是冰山的顶峰，也就是说故障是设备暴露出的问题，而大量的问题是隐蔽的、潜在的、尚未形成的功能故障。解决问题时我们应该做到“三多”——多问、多看、多想。

多问，就是要经常向设备的使用者详细了解设备出现的异常现象。因为使用者对设备最了解最熟悉，他们提供的第一手资料最有参考价值。

多看，就是要对设备故障的现象多观察，在观察时可利用一些工具，如万用表等。如风机运转问题，用眼睛看是难以发现的，利用万用表，就可以很清楚地检查到电压、电流等问题。

多想，就是要想清楚问题形成的关键因素。如传感器线路与控制器接触不良，可能是接头氧化，或是操作工清洁卫生时没有清除接头粉尘，只要将输送接头表面卫生清洁到位，问题就能得到解决。

2. 常用的四种方法

（1）对比法

在对设备不是很了解的情况下出现设备故障时，对故障部位与正常设备的部位运行对比，找出故障的原因来排除故障，这样的方法叫作对比法。

案例：风机反转。

故障原因：三根火线接线顺序出现问题。

对比法解决：此问题可通过对比解决，两座烤房在一起，风门打开时，百叶窗没有打开，与其他烤房正好相反，故可判断风机发生了反转。通过对比我们将该风机（三相电机）的任何两根线电源对换位置，故障得到解决。

（2）排除法

常见的故障可以运用排除法逐一排除检查。

案例：干球温度和湿球温度显示一致。

故障原因：①水壶漏水，由于密封不严而造成空气进入，把水压出；②吸水棉条和湿球一同塞入水壶，造成吸水不畅，从而使得湿球探头水分没法散失，形成干球湿球温度一致；③水壶未装水；④冷风门出现故障导致湿气排不出去，湿球温度升高。

排除法解决：我们排除引起故障的原因时要尽量先从比较容易排除的原因查起。事实证明，很多故障都是一些很简单的问题引起的，按先易后难的顺序排查故障有利于提高我们的工作效率。

（3）分析法

故障是诸多原因共同产生的结果，我们要根据这个结果去分析引起故障的原因。分析法要求我们既要具有理论推理能力，也要有丰富的实践能力。

案例：风机无力，排湿不畅。

故障现象：在单相电烤房使用过程中，感觉风机无力，排湿效果差，风门大开，排湿速度慢。

分析法解决：风机转速慢，首先检查电压，电压过低时，风机转速变慢，风力减小，而且长时间的运行发热，容易造成风机损坏。若电压正常，就要检查电容是否损坏，或者电容是否过小，以上两种情况都可能造成风机转速慢。经过分析认为：电压处在正常范围，但农户自行更换了较小的电容，造成风机无力，更换厂家标准电容即可。

（4）归纳总结法

在平时的维修工作中要善于总结归纳，举一反三，这样才能不断提高技术水平。

案例：自控仪更换电路板。

故障现象：自控仪出现故障，需确认更换前面板或后面板。

归纳总结法解决：在自控出现问题的时候，通常是两方面的原因。

一是显示和按键有问题。如按键不灵敏，显示有缺失等，这种往往是前面板与液晶显示板的问题，更换液显与前面板即可。

二是输出有问题。如鼓风机不能转动，进风门不工作等，在确保执行器正常的情况下，往往都是后面板有问题，更换后面板即可。

（二）烤烟密集烘烤常见设备问题及解决办法

现实烘烤过程中出现的问题是错综复杂的，除了以上要掌握的维修技巧外，还要根据具体情况具体分析，确保正常烘烤。

1. 烤房结构方面（气流下降式烤房）

（1）烤房漏气

问题：由于施工原因，有的新建烤房会漏气、泄热，炕内湿气不足，烟叶变黄减慢，局部烟叶容易出现烤青现象。

解决办法：新烤房建成后在烤房内点燃稻草，把烤房门关闭后，站在外面查看是否漏烟，如果漏烟，将缝隙填平补实。

（2）烤房失火

问题：干筋期烤干的烟叶掉落地面被风卷入加热室，造成烤房失火。

解决办法：在烤房隔热墙底部回风口处固定竹网或铁纱网，以防烟叶掉落后被吸入加热室。

2. 供热设备方面

（1）设备漏气

问题：烤房烘烤过程中，烟叶上出现黑色斑点，检查时发现风扇叶上有明显的黑斑。

解决办法：烤房使用前先检查清灰门耐火石棉是否有脱落或加热设备是否有裂缝。然后堵上烟囱，开始烧火，检查所有密封处，如有烟气飘出，应在烤前处理好。

（2）设备积灰

问题：烧火过程中，火苗往外窜，加煤口上方出现火苗状的黑斑，烤房升温缓慢。这是因为，积灰不仅会造成供热设备内部走火不畅，还会降低供热设备的换热效果。可见，如果积灰过多，不仅影响烟叶烘烤质量，还会浪费大量燃料。

解决办法：打开清灰门，用清灰耙处理积灰，清理完毕后，把清灰门密封好。打开烟囱口，处理积灰，然后密封好。

3. 自控系统方面

（1）温湿度自控仪

问题 1：自控仪不通电。

解决办法：检查电源是否接好，如线头松动，零线、火线接反；检查保险管，如烧坏则更换保险管。

问题 2：自控仪闪红屏并报故障。

报传感器故障的解决办法：检查传感器是否接好，如传感器已接好则试换一套传感器，此时故障解除说明传感器未坏，未解除则说明自控仪损坏需返厂家维修。

报电压偏低的解决办法：查看液晶显示屏上电压值是否达到 170V，如电压值超过 170V 的，查看电池是否完好，电池弱电则更换电池。

报电压偏高的解决办法：查看液晶显示屏上电压值是否超过 270V，如电压值超过 270V 的，查看电源线是否接好，接头有无打火现象，如线路正常则需改用备用电源。

报风机过载的解决办法：风机过载是运转电流超过了额定电流过多造成的。检查风机电源线安装是否正确，确认接线已安全、正确，此时按“确认”键再启动风机，观察风机转动方向是否正确，并在风机转动时按“查询”键，查看风机此时的实际电流是否在保护电流值范围之内，如风机电流一直超过保护电流则判定为风机有问题。

报风机缺相的解决办法：风机为三相电，每根相线的线电压均为 220V，三根相线呈 120 度排列，露天的相电压为 380V，如果其中一根相线上没有电，会导致相电压降低，此时需检查电路。

问题 3：自控仪内存不足。

解决办法：恢复出厂设置，各厂家恢复办法不尽相同，按说明书操作即可。

（2）自动冷风进风门

问题：冷风进风门无法自动开关。

解决办法：检查风门线插头是否连接插孔、是否完好，风门线插孔有无生锈；检查自控仪内部底板上检测开关是否已经打到自动位置；手动检测风门，若风门正常开关则自控仪坏，若风门还不能开关则风门电动机坏。

（3）湿球温度

问题：湿球温度偏高。

解决办法：检查自动进风门是否正常工作。检查控制棚水壶是否有水，包裹探头的纱布是否吸水，不吸水则需清洗或更换纱布，也可暂时改用下棚控制，但要注意改用下棚控制时应根据上下棚温度差作相应的工艺温度调整。

（4）鼓风机

问题：鼓风机不吹或一直吹个不停。

解决办法：检查鼓风机插头是否连接插孔、是否完好，插孔有无生锈；检查自控仪内部鼓风机检测开关是否打在自动位置。

（5）循环风机

问题：循环风机反转。

解决办法：单相设备反转的对调正转、反转循环风机线。三相设备高速、低速都反转的对调电源线 A、B、C 中的两条电源线。低速反转的对调循环风机 U1 线与 V1 线，高速反转的对调循环风机 U2 线与 V2 线。

四、烘烤季密集烤房管护的专业化保障

（一）内部保障

外因是变化的条件，内因是变化的依据，外因必须通过内因起作用，所以，首先要强调内部保障。

1. 强调全员参与

全员参与意识是推行 TPM 活动中最核心的指导思想。上至经营管理层，下至第一线的员工、烘烤师、广大烟农，形成从小事做起的踏实严谨的工作作风，人人都将烟叶烘烤视为自己的事情，关心参与烘烤设施设备管护的各项工作，这种全员参与的强烈责任心，是烟叶烘烤质量的最可靠保障。

2. 提升业务能力

密集烤房推广十多年来，广大烟叶从业人员大多能够熟练安装烤房设备，也能够熟练操作自控仪，但大多数人仅仅停留在烤房设备的安装操作方面，烤房设备维护水平普遍偏低，有时连简单的机械故障都不会排除。有的烟区曾经出现过这种情况：自控仪无法运行，原本只是保险丝烧了，结果误认为整个设备损坏了，大半夜抱着自控仪去找烤房设备维修人员，维修人员简单更换保险丝就解决了。由此可见，业者烤房设备管护能力是多么重要。

烘烤设施设备整体涉及的设备较多，有自控仪、循环风机、冷风进风门、鼓风机等，涉及机械、电子等工种。在使用过程中，容易出现故障的点较多。要保证设备能正常运转，需要较强的业务知识。烟叶生产人员、烘烤师及烟农必须加强自身业务知识的学习，熟知烘烤设备的正确安装位置及方法，避免出现安装位置及接线错误。曾经出现过单相控制仪接循环风机和鼓风机时接错位置，导致稳温阶段时，出现鼓风机不停工作，而循环风机暂停工作的现象。因此，应当全方位加强各层次人员业务知识培训，具体要根据各层次人员所处岗位，有选择地进行业务能力培训。特别是广大一线烘烤师和烟农朋友，要有熟练的操作技能和简单处理故障的能力。

3. 提高风险防控意识

一线操作管理人员要有高度的责任意识和风险防控意识，针对使用过程中可

能出现的故障提前预防，制定预案，确保在发生故障时能尽快处理，保证烘烤设备正常运转。比如，冷风进风门在安装后要检查是否有变形，安装是否稳固、密封，检查进风门是否能正常开启和关闭。在每年的烘烤季节，均出现冷风进风门在烘烤过程中开关不正常的现象。冷风进风门的开关不正常，势必影响烟叶烘烤质量及烟农收益。

4. 培养复合型操作员

密集烤房引进前几年，一线烘烤师、广大烟农基本上只能依靠控制仪操作，在烘烤过程中，烟叶变化到什么阶段，就对控制仪进行设置。如果设备出了故障，烘烤就会被动终止，等到厂家维修员修好机器后再重新开始操作，这个过程需要较长时间，势必影响到烟叶烘烤质量和最终经济效益。而 TPM 的基本要求是全员行动起来，每个人都要掌握设备的操作和简单的维修，以高水平的设备操作和经常性的设备维护相结合的方式来提高烘烤质量，保证效益。这就要求每个烘烤师和广大烟农要成为熟练操作机器和维护机器的复合型人才。然而要达到这一标准，需要长时间的宣传引导和有效培训。

5. 加强有关技术资料建设

要建立健全类似《密集烤房设备管护手册》等技术资料，将有关技术规程、工作标准及相关制度（如有关岗位责任制度、奖惩激励制度）集成整合，下发学习。在此基础上，通过发放技术明白纸和大小看板等方式，为实际工作和技术监督提供有效参照。

（二）外部保障

随着时间的推移，越来越多的设备超过了厂家保修期，设备的损坏率也越来越高。为保证设备设施的正常使用，要充分利用外部专业资源。近年来，广西靖西市在密集烤房设备保障方面探索出一条有效途径。

1. 基本做法

几位长期在一线从事烤房设备维修的技术人员合资成立了靖西市腾岳烤烟设备有限公司，成为靖西市密集烤房设备设施维修的专业公司。

该公司采取联合参保的方式进行服务——即向所有参保的密集烤房用户（每座烤房）收取 200 元参保费（售烟时从售烟款中扣除或合作社出专款），并通过与烟站联合制作烤前维护表和烤房维护档案。然后在每年开烤前，对全市按种植面积量配备的所有参保的密集烤房进行检测与维护，向烟农介绍问题产生的原因与解决办法。清理烤房灰尘，并对烤房清灰门进行重新密封处理。维修和检测合格后粘贴该公司的合格标签，烟农签字接收使用。所有参保烤房均可享受烤前维护，一年之内自控仪、循环风机等自控设备和通风设备（炉子除外）自然损坏免费维修或更换（人为损坏的设备需农户自行购买，该公司以成本价提供），并做好各个厂家无缝对接等服务。

该公司以烟站为依托建立售后服务网点，并配以 2% 的烤房备用件，常年在靖西市设立维修中心和仓库，并常配以 5% 的备用件，执行专业化烘烤的烤房群可把部分备用件存放在烘烤师处便于及时更换。一旦烟站备用件用完，会用专车送到烟站或烤房群，补充办事处备用件至 5%。这样，烘烤师（或烟农）可在技术员还未到达现场时自行更换一些操作简单的设备（如自控仪），减少更换时间。

2. 主要成效

（1）烟农热心

从 2017 年 4 月 14 日起到烘烤季结束，靖西市参加投保的烤房用户达 2000 家。

（2）服务放心

腾岳公司配备专业技术人员 16 人，专用服务车 5 辆，摩托车 10 辆。该公司人均管护 125 座烤房，平均每 400 套烤房配备一台专用服务车，主要工作是进行烤前检测、烘烤期间维修与巡查，做到有报修必出勤。本着为烟农服务，不烤坏一炉烟的工作态度，腾岳公司对所有参保用户进行了统一的烤前检测与维修、统一发放烤房换热器密封绳、传感器吸水棉条，并在烘烤期间对 1025 座烤房更换零配件，主要是自控仪维修和循环风机更换与维修。

2017 年烘烤季节，腾岳公司一共出勤 2800 余人次，平均每人每天处理烤房 3 个，真正做到有求必应，随叫随到。

（3）结果省心

通过向专业公司投保，参保用户获得了大量专业服务，解决了大量设备故障（有关情况见表 8–1）。同时，原来因为设备来源厂家众多而找不到原厂家技术人员及配件的难题，通过此举得到解决。最重要的是，专业化服务让人放心，也让人省心。

表 8-1 靖西市 2017 年烤房设备投保获得外援专业化维修情况

设备名称	维修数量	设备单价（元）	价值（元）
自控仪	734	1000	734000
循环风机	145	1500	217500
鼓风机	175	180	31500
传感器	328	180	59040
换热器密封绳	1077	45	48465
进风门电机	438	80	35040
合计			1125545

第三节 空闲季密集烤房设备管护

一年中烟叶烘烤季约两个月，其余十个月都处于空闲状态。空闲季密集烤房设备管护，对延长烘烤设备的使用寿命及下年度顺利开展烘烤业务有着重要意义。烘烤结束后对密集烤房设备进行精细化管护，不仅可以延长设备的使用寿命，也为来年的烟叶烘烤做好了前期准备。

一、空闲季密集烤房的管护

烘烤结束后，要及时做好以下工作。

明确烤房管护责任人及其具体责、权、利，包括工作备案。

及时拆卸密集烤房的机械设备，对密集烤房的各种机械设备和部分土建设备仔细清扫、清洁和精心养护与储存管理。

及时清理烤房内杂物，保持烤房内干燥整洁，关闭烤房门窗，锁好炕门；禁止在烤房内饲养禽畜。

及时清理、疏通排水沟中的泥沙等杂物，保持排水顺畅，防止雨期雨水浸泡烤房墙基。

对某些无损害效应的烤房功能的综合利用，一律纳入统一管理。

烤房管护责任人每周要到烤房集群检查一次，及时掌握烤房群情况。如果烤房集群围栏、大门破损，应及时维修，做到闲人免进，并防止禽畜自由进出；如果烤房墙体、墙基、炕顶出现裂缝，或排水系统堵塞，应及时维修，防止加重损害。如果发现烘烤工场公共财产失窃或遭到破坏，应及时报警，并报告烘烤工场业主。对于分散的烤房，则需要烤房业主不定期检查，确保烤房在下一年度能够正常投入使用。

二、空闲季密集烤房设备管护

（一）加热设备的管护

1. 燃煤炉的管护

烘烤结束后，及时清理炉内煤渣，保持炉内干净、干燥；检查炉膛四周耐火内衬是否脱落或有龟裂，炉顶是否有塌陷、破损、脱焊、漏气问题，如有问题立即维修或上报；检查炉栅、炉门是否变形或损坏，如有则进行维修或更换，然后将干燥的稻草或适量生石灰（一般为 15kg）放置在炉栅上；关闭炉门、灰坑门，保持炉膛内密封干燥，定期检查炉膛，如发现炉膛内空气潮湿或内壁锈蚀，则及时更换干燥的稻草或生石灰，并检查炉门、灰坑门的密闭性；炉门、清灰门表面及门把手清理干净后，应涂抹机油，防止锈蚀。

2. 换热器的管护

烘烤结束后，及时对换热管和换热箱进行内外清理，并在换热管和换热箱内放置生石灰，关闭左右清灰门，确保换热器内干净、干燥，定期检查换热器，如发现换热器内空气潮湿或内壁锈蚀，则及时更换生石灰，并检查左右清灰门的密闭性；认真检查换热器防护漆是否有脱落或破损，如有则需补刷防护漆。

3. 烟囱的管护

烘烤结束后，及时将烟囱内的积灰清理干净，检查露出屋顶的烟囱墙体、烟囱口盖板是否有裂痕或破损，如有则需进行维修或更换，烟囱口需用塑料布包扎，防止雨水进入损坏换热器；外漏的烟囱金属部分需涂抹机油或涂刷一层防护漆以防锈蚀。

4. 鼓风机的管护

烘烤结束后，拆下鼓风机，清理干净后，涂抹机油防锈，用塑料薄膜包严扎紧后，置于阴凉干燥处保存。

（二）自控设备的管护

1. 自控仪的管护

烘烤结束后，拆卸温湿度自控仪，取出自控仪内的电池，并清理干净，然后用塑料袋严密包装，置于阴凉干燥处保存。为防止自控仪电器原件受潮，可在塑料袋内加入适量干燥剂。

2. 传感器的管护

烘烤结束后，取下水壶，倒尽壶水，拆下感温探头上的纱布进行清洗，晾晒

干后装在感温探头上，将传感线和水壶用塑料袋包严扎紧，与自控仪一起放置在清洁干燥处妥善保管。

（三）通风排湿设备管护

1. 循环风机的管护

烘烤结束后，将循环风机拆卸下来，仔细清理干净；仔细检查风机，看手动风机风叶转动是否正常，听转动声音是否有异常，观察风机电机是否漏油、松动，叶轮、叶扇是否变形等，如有异常需及时维修或上报；将所有螺丝、螺母涂上机油防锈；检查风机电机轴承，加注滴点温度不低于120℃的高温润滑油，并用塑料布包装起来，放置在干燥处妥善保管。

循环风机取走后，其外露电源线要在进行清洁以后收进烤房，用塑料袋包严扎紧。加热室顶部要盖上风机盖板，并密封起来，防止雨水从炕顶进入。

2. 冷风进风门的管护

烘烤结束后，拆下冷风进风门，清理表面污物，将转轴加机油润滑，放置在阴凉干燥处保存；如果不便拆卸，应做防雨、防护处理，确保不淋雨、不受潮、不生锈、不变形。

3. 排湿百叶窗的管护

检查排湿百叶窗的叶片是否卡塞或变形，叶片上是否有污物，对叶片进行维护和清理，确保所有叶片清洁并转动灵活，检查百叶窗能否顺利打开和关闭严密。最好将百叶窗拆卸下来清理清洁，然后用塑料袋包装收好妥善保存。

（四）电器设备的管护

1. 电器连线和插头

将所有电器连线放置在妥当地方，以防老鼠啃咬电线。全部插头用装有干燥剂的密闭塑料袋密封，以防止插头氧化。

2. 供电线路

烟叶烘烤结束后，如有综合利用业务，要经常检查供电线路，确保用电安全；如果没有综合利用业务，必须及时切断烤房区供电电源。

第九章 精细化烟叶烘烤技能培训

烟叶烘烤需要众多技术要素协同支撑，其中人是第一要素，其他要素都要通过人的参与或主导才能切实发挥作用。精细化烟叶烘烤技术体系能否尽快落实到生产实践中，关键要看从业者精细化烟叶烘烤技术水平能否达到要求以及烟叶烘烤的思维方式与行为模式能否尽快转型升级。对此，精细化烟叶烘烤技能培训可以发挥很大作用。

第一节 烤烟专业化烘烤队伍基本现状与技能培训需求

一、当前烤烟专业化烘烤队伍的组成及地位

目前，我国烟叶烘烤的机械化程度仍然较低，烟叶采收、夹持装炕及烘烤控制等环节，都要依靠人工完成，劳动强度较大。同时，烟叶烘烤技术含量较高，没有一定的专业知识和技能，难以驾驭烤烟烘烤。

近些年来，我国烤烟烘烤已由原来的一家一户烘烤转为以“1+N”烘烤模式为主、采烤一体化和采烤分一体化烘烤模式为辅的多元化专业化烘烤格局，但不管采用哪一种烘烤模式，专业化烘烤队伍的建设与开发都是关键所在。

目前，专业化烘烤一线队伍主要包括基层烟技员、广大烟农和烘烤师，有时包括外部务工人员。

基层烟技员是烟区基层烟草站点的工作人员，他们分别负责各片区烟叶种植计划与合同的落实，负责指导各片区烟叶种植、烘烤与烤后分级，他们是烘烤师和广大烟农正确实施烤烟专业化烘烤的引领者，也是具体业务的指导者，他们专业化烘烤的组织管理协调能力和精细化烟叶烘烤技术水平的高低，直接影响各片区烤烟专业化烘烤的运行质量、年度绩效及可持续发展。

广大烟农是各片区烟叶的种植主体，往往又在专业化烘烤中承担烟叶采收、夹持装炕和烤后下炕、去青去杂任务，作为烟叶种植的主体以及烟叶烘烤部分环节的执行者，他们的整体素质对烟叶烘烤运行质量有很大影响。

烘烤师由各植烟片区烟农合作社聘用人员担任，是各片区烟叶专业化烘烤实际运行的组织者，是硬件备烤与烟叶烘烤工艺环节的执行者，是烟农开展烤烟

田间管理（烟叶备烤）和烟叶采收、夹持装炕的指导者，还是广大烟农与基层烟技员的桥梁纽带。他们是烤烟专业化烘烤的生力军，也是各地烤烟专业化烘烤的主力军，是当前各烟区烤烟专业化烘烤及现代烟草农业人力资源建设的重点所在。

外部务工人员通常是出于烤烟专业化烘烤需要就近聘用的部分非植烟人员。一般而言，他们只是烟区烤烟专业化烘烤的小部分人力资源补充，但对于有的烟区或种烟大户，这些人员就是烤烟专业化烘烤能否成功的决定因素之一。

当前，我国烤烟专业化烘烤队伍除有基层烟技员、一线烟农和烘烤师群体外，还有一批专业化烘烤监督人员，如地（市州）级烟草公司的烘烤总监、县（市）级烟草部门的烘烤主监和基层烟草站点的烘烤主管。这是近些年来烟区烟草系统专门设置的一类专职岗位，上岗者专门负责所在烟叶产地每年烤烟专业化烘烤工作的运行、监督、指导及考核，负责解决专业化烘烤的技术问题，他们需要深入烟叶烘烤一线进行现场检查和指导，必要时还要在烤房群蹲点，开展烟叶烘烤技术试验与示范。在每年烟叶备烤至烘烤期间，这些人员都活跃在烟叶生产第一线。他们既要承担烤烟专业化烘烤的运行管理与技术督导工作，还要承担技术内训、技术风险防控、技术应急及有关试验示范工作，他们支撑着所在烟叶产地每年烤烟专业化烘烤的技术监督、指导、考核及运行维护工作。由此可见，专业化烘烤监督人员是各烟区烤烟专业化烘烤业务领域的中流砥柱。

二、专业化烘烤队伍技术工作的现状

（一）烟农队伍技术工作现状

1. 文化程度低，技术水平差

我国烟农文化程度普遍较低。以贵州遵义烟区为例，据报道，2013~2015 年贵州遵义烟区广大烟农的文化程度，以小学和初中程度为主，其中，具有小学文化程度的烟农数占调查总数的 48%，而具有初中文化程度的烟农数只占总调查数的 30%，另外，还有 14% 的烟农属于文盲。

现代烟叶烘烤技术密集，文化水平低的烟农很难直接从事现代烟叶烘烤工作。一直以来烟草行业大力推行专业化烘烤，将广大烟农从技术难度最大的烘烤环节解脱出来，让他们专门从事烟叶种植田间管理，在专业化烘烤中仅从事一些相对简单的技术执行工作和手工作业。即便如此，目前烟农队伍的文化程度与现代职业烟农知识化要求相比还有相当大的差距，他们难以胜任相对复杂的技术工作。值得指出的是，近年来不少烟区在专业化烘烤中并没有注意到烟农的这种窘境及其带来的影响。

2. 劳动力普遍吃紧，技术执行质量较差

当前我国烟叶烘烤机械化水平不高，仍需大量人工，而青壮年劳动力大量外出务工，留守种烟的多是妇女和老人，他们体力较差，工效较低，技术较粗放。

烟叶烘烤期间，由于劳动力紧缺，烟农往往需要外聘部分务工人员，才能做到"当天采烟、当天装炕烘烤"。但外聘的务工人员工作质量往往较差，且难以管理，要么保证工作速度，不讲工作质量；要么保证工作质量，不讲工作效率。即便这样，广大烟农仍面临着请工难和外部务工人员聘用价格不断攀升的难题。

3. 渴望技术指导，需要组织管理

由于上述原因，目前烟农队伍在专业化烘烤中大多只能从事种植管理和烟叶采收、夹持装炕等辅助工作。他们特别需要也十分渴望得到技术指导。此外，烟农队伍需要良好的组织管理才能适应烤烟专业化烘烤的要求。这很大程度上需要依靠片区专业化烘烤队代表烟农合作社对广大烟农进行组织管理和技术引导，同时，还要依靠当地烟草线路技术员进行科学管理和技术指导。

（二）烘烤师队伍技术工作现状

1. 一线烘烤师技术经验比较丰富，上进心普遍较强

现有的烘烤师基本为本地烟农中的烘烤能手，烟叶烘烤经验比较丰富，悟性较高，上进心较强，只要经过系统培训，烟叶烘烤技术水平大多能够大幅提升。

有的烘烤师在承担专业化烘烤任务的同时，自家也在种植烟叶。他们通过自家烟叶生产摸索积累技术经验，不断提升专业化烘烤技术水平。

2. 一线烘烤师年龄结构令人担忧，学历严重偏低

据百色市烟草公司统计（见表 9–1），2018 年百色市烤烟专业化烘烤师有 441 人，其中，年龄在 56 岁以上的占 14.7%，年龄在 46~55 岁的占 46%，年龄在 36~45 岁的占 32.9%，年龄在 35 岁以下的占 6.3%。45 岁以上的人数占烘烤师总数的 60.7%，45 岁及以下的人数只占烘烤师总数的 39.3%。

表 9–1　2018 年百色市烤烟专业化烘烤师的年龄与学历状况

<table>
<tr><td>年龄结构</td><td colspan="2">35 岁以下</td><td colspan="2">36~45 岁</td><td colspan="2">46~55 岁</td><td>56 岁以上</td><td>总人数</td></tr>
<tr><td>人数</td><td colspan="2">28</td><td colspan="2">145</td><td colspan="2">203</td><td>65</td><td rowspan="6">441</td></tr>
<tr><td>比例（%）</td><td colspan="2">6.3</td><td colspan="2">32.9</td><td colspan="2">46.0</td><td>14.7</td></tr>
<tr><td>学历结构</td><td>小学</td><td>初中</td><td>高中</td><td>中专</td><td>大专</td><td>本科</td><td>研究生</td></tr>
<tr><td>人数</td><td>39</td><td>328</td><td>72</td><td>1</td><td>1</td><td>0</td><td>0</td></tr>
<tr><td>比例（%）</td><td>8.8</td><td>74.4</td><td>16.3</td><td>0.2</td><td>0.2</td><td>0</td><td>0</td></tr>
</table>

在专业化烘烤期间，烘烤师的工作表面上是一种技术活，实际上也是一种体力活。从百色市的统计结果看，当前烘烤师群体年龄总体偏大，尤其 35 岁以下的烘烤师数量太少，十年以后，烘烤师队伍将会青黄不接。另外，在百色市现有 441 名烘烤师中，具有初中学历的占 74.4%，小学学历的占 8.8%，二者合计达 83.2%，而高中学历的只有 16.3%，具有大中专学历的只有 0.4%，学历严重偏低，因此，要大力加强烘烤师队伍的继续教育。

3. 一线烘烤师专业化烘烤运行管理能力亟待提高，技术指导作用有待加强

自实行专业化烘烤以来，广大烘烤师在硬件备烤和烘烤环节发挥了重要作用。但在指导和协调烟农如何开展烟叶备烤、配炕采收、规范夹烟、合理装炕方面尚未发挥应有作用。原因有很多，最直接的是烘烤师的专业化烘烤运行管理能力亟待提高。最值得思索的是，地方烟草部门如何做好引领和扶持工作，将烟农专业合作社进一步做实，让烘烤师们有一种归属感和对未来的发展期待；在烘烤师队伍建设方面，切切实实加强指导、扶持、激励和培育，让他们快速成长和转型，从传统经验型烟叶烘烤能手转变为现代科技型烟叶烘烤高手。而当前最紧迫的，就是要大力开展烟叶烘烤的专业化培训，尽快提高他们的专业化烘烤服务的综合素质。

值得强调的是，在烟叶片区专业化烘烤队中，大量管理工作和技术指导工作都由烘烤队队长或业务主管具体操持和负责。因此，要通过专业化烘烤的培训考核，结合实际工作能力考察，有计划地培养一批符合一线需要的烤烟专业化烘烤队队长或业务主管。

（三）基层烟技员队伍技术工作现状

1. 基层烟技员日常工作任务繁重，烘烤精力严重分散

基层烟技员队伍是烟区发展的关键因素之一。自21世纪初以来，我国各烟区都很重视基层烟技员队伍建设，通过合理分片、按需设岗和专业化、年轻化及学历结构优化，烟技员队伍结构日趋完善。加上烟草系统培训机制的不断健全和各种主题培训活动的常态化开展，基层烟技员队伍的整体素质相比20世纪末有很大提升。在烟叶生产中，烟技员身处一线，承上启下，包片负责。一方面，他们要直面烟农，承担发展烟叶生产、保证计划落实、引领规范种植、推进专业化烘烤、指导烟叶分级等重任，环节多，要求高，难度大，任务重。另一方面，他们要面向市场，面向发展，面对上级，奋发进取，认真负责，在落实好自己包片任务的同时，还要落实好各级领导层的工作计划及新举措和新要求。因此，在他们身上，不仅技术工作任务繁重，非技术工作也很繁重。

2. 基层烟技员烘烤实践能力大多较强，但知识观念明显老化

由于长期在一线工作，烟技员对烟叶生产技术的掌握比较全面，基础普遍较好，加上多次选拔和久经考验，烟叶种植与烘烤的实践能力大多较强。2000年以来，随着科技进步的日新月异和现代烟草农业的迅猛发展，我国烟叶烘烤由传统的普通烘烤转变为现代的密集烘烤，由过去千家万户的分散烘烤转变为同片区烟叶的集群化烘烤，由过去各家各户的自种自烤转变为种烤分离的专业化烘烤。这些改变对烟技员队伍的烟叶烘烤技能、烘烤技术观念及组织管理能力，都提出了更高的要求。但烟技员的知识技能和烟叶烘烤技术观念随着时间的推移逐渐老化，亟待更新，特别是一些年龄较大的老烟技员，由于学历偏低和专业理论基础欠缺，知识、观念严重老化，接受新事物慢，适应新要求难，对新事物或新技术大都表现得力不从心。

3. 基层部分年轻烟技员信心不足，逐渐影响队伍稳定

广大年轻烟技员普遍有思想，有理想，也有较高的工作热情和激情，但由于各种原因，包括上述有关因素以及长期工作在生产一线，条件相对较差，工作辛苦，工作压力大，加上待遇一般，不少年轻人的热情和激情难以长久，慢慢产生了一种平庸的职业观，直接影响了技术指导服务质量。久而久之，片区烟叶种植和专业化烘烤效果不能如意，业绩平平甚至下滑，与别人的差距越拉越大，信心下降，不仅降低了工作积极性和事业进取心，甚至宁愿到其他部门当一个新手，

也要坚决脱离烟叶行业。

三、对专业化烘烤队伍开展精细化烘烤技能培训的必要性

（一）精细化烘烤是烤烟专业化烘烤的一剂良方

2008 年以来，各烟区根据国家烟草专卖局的战略部署建立了很多综合型专业服务合作社，针对烟草育苗、机耕、植保、烘烤、分级等重点环节开展服务，取得很大成效。但与育苗、机耕、植保、分级专业化服务发展相比，烘烤环节专业化服务进展缓慢。

专业化烘烤难以推行的主要原因，一方面是广大烟农内在需求动力不大，并对专业化烘烤缺少安全感，因而不太“上心”。另一方面，是广大烘烤师面对专业化烘烤的服务方式底气不足，担心烘烤技术风险，一旦理赔，既失了“面子”，又失了“里子”。由此可见，面对专业化烘烤，无论烟农或烘烤师，都有种种顾虑。烟农们的不太“上心”和烘烤师们的种种“担心”有一个共同点，那就是专业化烘烤能否真正提高烟叶烘烤质量。换言之，仅靠一种新型组织方式，这些农民烘烤师就能胜任专业化烘烤吗？而问题的实质，就是专业化烘烤怎样才能实现内涵式发展，使新型组织方式发挥强大的生产力。

为解决上述难题，2014 年以来，广西中烟工业公司以中国科学技术大学为技术依托单位，与广西壮族自治区烟草公司百色市公司联合开展合作研究，通过在多地试验研究和实践验证，于 2017 年建立了一套烤烟精细化密集烘烤技术体系，打造出一套精细化烟叶烘烤“1239”技术模式。

“精细化烟叶烘烤”是将精细化管理相关理念及方式方法有效融入烟叶烘烤技术体系，并通过规则系统规范人们烟叶烘烤行为的技术活动过程或技术运行模式。它用精细的技术和精到的管理，获取精益效果，提高烘烤绩效。它是对常规烤烟烘烤技术体系的一种双重改造（烘烤技术与微观管理）和优化升级，且投入低、产出高。它是烤烟专业化烘烤实现内涵式发展的一剂良方，是推进现代烟叶烘烤工业化进程的有效路径。

（二）精细化烘烤对专业化烘烤队伍是一种挑战

当前和今后一个时期，要想进一步实现烟叶烘烤的优质、高效，我国烟叶烘烤必须由规范化烘烤转为精细化烘烤。在技术体系上，精细化烘烤要比目前的规范化烘烤更全面、更严密、更科学，使烟叶烘烤过程控制更体现工业化特征，这对从事专业化烘烤的烘烤师及烟叶技术人员来说，又是一种挑战。

（三）提升专业化烘烤队伍的烘烤技能，要在技能培训上下足功夫

专业化烘烤队伍能力素质的提升，关系到专业化烘烤运行质量的持续提高和突破。烟区整个专业化烘烤队伍（包括广大烟农、一线烘烤师、基层烟技员和专业化烘烤监督人员）的烟叶烘烤技能转型与升级，必须借助精细化专业化烘烤技能培训。

第一，对专业化烘烤队伍而言，可使员工转变烘烤观念，提高理论水平；转变行为方式，提升专业技能；激发个人潜能，提高职业素质。

第二，对专业化烘烤能力而言，员工掌握了烟叶烘烤新技术规范（程），安全烘烤意识增强、能力提升，能充分把握烟叶烘烤过程控制关键点，提前加强烟叶烘烤风险控制，烘烤失误将大大减少；员工掌握了正确的烟叶烘烤过程控制方法，工作习惯得到改善，防错能力得到提高，工作质量必然提高；员工转变了烘烤观念和思维方式，烟叶烘烤业务技能和专业素质进一步提高，技术失误和管理失误都将减少，工作质量、工作效率和劳动生产率势必提高，专业化烘烤服务的整体水平也将提高。

第三，对烟草企业而言，不仅能有效提升员工业务凝聚力、烘烤团队战斗力和专业化烘烤生产力，还能通过培训学习、业务考核和实践反馈来发现人才、培养人才、用好人才，从而提升烟草企业和烟叶产区的可持续发展能力和市场竞争能力。

第二节　精细化烟叶烘烤技能培训

技能培训是企业根据需要，对员工的知识、技能进行及时更新、补充、拓展和提高的教学活动。精细化烘烤技能培训事关烟区专业化烘烤队伍建设、技术资源开发和专业化烘烤的水平提升，要多管齐下，系统管理，追求实效。

一、层级化培训，流程化管理

首先，层级培训，逐级督查。烟区烟叶烘烤工作人员很多，所处层次不同，岗位职责也不同，为提升烘烤技能培训效果，必须采取层级培训模式。如在广西百色，市一级公司负责各产烟县（市）营销部的分管领导、烟叶股长、烘烤主监及部分技术骨干的培训，县（市）营销部负责基层各站（点）烘烤主管及部分技术骨干的培训，各站（点）负责对站（点）烟技员和骨干烘烤师的培训。骨干烘烤师培训完毕后，将培训技术转化落地。与此同时，还应自上而下分层督查和帮助，确保培训到位。

在专业化烘烤队伍中，基层烟技员是专业化烘烤的排头兵，也是烘烤技术的传递者；烘烤监督人员是专业化烘烤的督导者，也是烘烤技术的引领者。基层烟技员队伍与烘烤监督队伍（合称"烟叶技术队伍"）的技能培训最为重要，必须先行。

其次，流程化管理，规范化培训。市县两级精细化烘烤技能培训基本流程如图 9-1 所示。

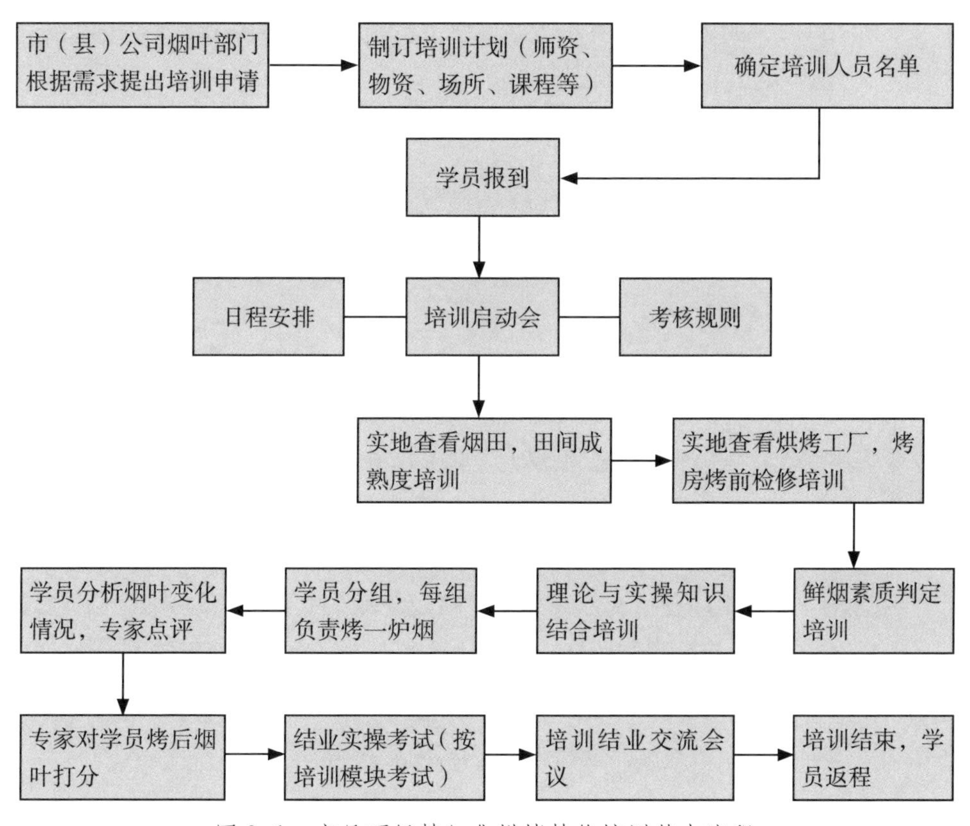

图 9-1 市县两级精细化烘烤技能培训基本流程

二、建好基地，备好现场

（一）加强烟叶烘烤技能培训基地建设

市县两级烟叶烘烤技能培训必须加强基地建设。

近些年来，广西烟草行业高度重视烟叶烘烤技能培训基地建设，烟叶烘烤技能培训的基础条件有了很大改善。

广西烟叶烘烤培训基地位于百色市靖西市同源烘烤工场。该烘烤工场总占地面积 18 亩，拥有气流下降式密集烤房 59 座，配备多媒体教室、电机房、值班室、分级棚、储煤棚等附属设施及洗手池、卫生间等生活设施。烘烤工场每年可承担1200亩烟叶烘烤任务，目前已初步具备举办省、市级烟叶烘烤技能培训和鉴定功能。

广西烟叶烘烤技能培训基地以“知行结合，学以致用”为主旨，践行“精益生产”理念和精细化烟叶烘烤技术体系，从理论培训到实践运用，从思维优化到技能训练，通过专业化教学过程管理，构建个性化烟叶烘烤技能培训模式，切实提升参训学员的专业化烘烤技术水平、职业素质和服务管理能力。

（二）备好烟叶烘烤技能培训现场

不管哪个层次的烘烤技能培训，都要备有好的培训现场。在市县两级技能培训体系建设中，基地建设是基础，现场准备是关键。众所周知，在烟叶烘烤技术培训中，有时不一定需要现场，但烟叶烘烤技能培训必须要有现场，而且最好是根据教学内容、教学目的精心布置的教学现场。因此，在安排技能培训教学计划时，务必重视现场准备这一环节。

1. 生产现场

生产现场包括田间种植和烘烤现场，反映烟区面向广大烟农烤烟的种植状态和专业化烘烤现状。该类现场面积较大（500~1000亩），可供学员田间观察、烘烤流程考察、烟叶烘烤取样及烤后烟叶质量考核等。

2. 示范现场

示范现场包括田间种植和烘烤现场，该类现场按照精细化烟叶烘烤“1239”技术模式进行准备，反映精细化烟叶烘烤体系状态。该类现场面积较小（100~200亩），不仅可供学员田间观察、烘烤流程考察、烟叶烘烤取样及烤后烟叶质量考核，还是精细化烟叶烘烤技术全程实操的技术载体和活动平台。

3. 技能训练现场

技能训练现场由培训师和培训机构共同制造，拥有不同模块的操作技能训练，包括田间特制现场和烘烤工场工作区炕内外及室内外的预备现场。其中，室内现场包括讲课教室和非讲课教室。

三、坚持原则，灵活施教

（一）将技能训练与技术理论培训相结合

作为烘烤技能培训，在教学内容安排上，不能仅就技能进行教学，还要将精细化烘烤的技能训练与技术规则、技术理论有机结合，只有二者紧密结合，才能让学员知识内化，较快取得技能培训的预期效果。

（二）将技术理论与生产实际相结合

在烘烤技能培训的教学内容和教学方式上，要将精细化烘烤技术理论与烟区生产实际以及培训基地的生产现场紧密结合。

（三）将近期需要与长远发展相结合

在教学目的和教学内容安排上，既要满足专业化烘烤的近期需要，又要结合长远发展需要，适当进行战略性、整体性、协同性引导，帮助学员及时更新技术观念，进一步强化专业化烘烤的发展信念。

（四）将技能考核与后续工作效果考查相结合

培训效果检验与强化是技能培训的重要环节与手段。技能培训必须进行培训效果考核，但当前大多停留在培训中的考核和培训后的学习成绩反馈。实际上，学员在培训以后回到工作岗位，管理层应趁热打铁，追踪调查实际应用效果，使技能培训效果进一步强化。将烟叶烘烤技能考核与后续工作效果考查结合起来，不仅能切实提高烟叶烘烤技能培训成效，还能有效改进技能培训工作。

（五）因岗因人按需施教

目前，烟区专业化烘烤队伍主要包括专业化烘烤技术人员（基层烟技员与专业化烘烤监督人员）和专业化烘烤实操人员（烘烤师与烟农）。此外，还涉及有关管理人员（如有关部门技术干部和分管领导）。各类人员工作性质不同，专业基础不同，工作要求不同，培训需求也不同，必须针对各自工作需要及专业基础，进行差异化技能培训。

1. 专业化烘烤技术人员烘烤技能培训重点

通过理论与实际紧密结合、近期需要与长远发展相结合，对烘烤技术人员重点强化精细化烘烤技术理论、技术思想、技术意义、运作模式和实操技能的培训，让他们既能深刻领会烤烟精细化烘烤的基本理论和战略价值，又能熟练掌握精细化烘烤的运作模式和实操技能。同时，由于技术指导工作需要，还要锻炼他们的“听、说、写”表达能力和沟通能力，使其能独立进行对烘烤师和广大烟农的技术培训，在专业化烘烤运行过程中，能够熟练运用精细化烘烤的思维方式和技术模式，指导烘烤师和广大烟农井然有序、科学合理地抓好烟叶烘烤过程控制。

2. 专业化烘烤实操人员烘烤技能培训重点

（1）对烘烤师的烘烤技能培训

以实操培训为主、理论培训为辅，重点强化烘烤师对精细化烘烤运作模式和烘烤实操技能的培训，让烘烤师熟练掌握精细化烘烤的组织管理和技术管理的核心要求。让他们在熟练掌握精细化烘烤实操技能的同时，又能切实体会精细化烘烤的技术效果及奥妙所在；能在潜移默化中按照精细化烘烤的运作模式，组织开展专业化烘烤，并能对烘烤辅助人员和广大烟农切实开展组织协调和技术指导，有效提高专业化烘烤的组织管理水平和烘烤技术水平。

（2）对广大烟农的烘烤技能培训

过去多由烟叶烘烤技术人员和烘烤师共同对广大烟农开展烟叶烘烤技能培训，现应逐步转变为以烘烤师为主培训烟农的工作状态。对烟农的培训，要采取现场示范和实操为主的教学方式，重点强化烟农对精细化烘烤技术效果的感知和技术规则的理解，使广大烟农能按照精细化烘烤技术要求，开展烤烟大田管理和烟叶备烤、配炕采收和夹烟装炕，在技术运作上与烘烤师进行无缝对接。

四、提早确定教学内容，合理配置教学方法

教学内容与教学方法是提高教学效果的重要因素。以往的技术培训大都重视培训内容，但往往忽视教学方法，很容易流于“一言堂”“填鸭式”的培训教学。近年来，随着行业技能培训和技能竞赛的深入开展，各地烟草技术培训的教学方法有了明显改观。下面以 2018 年 5 月广西百色市烟叶烘烤技术人员烤烟精细化烘烤技能培训班为例，介绍烟叶烘烤技能培训的教学内容与教学方法。

（一）根据培训目的，预定教学内容

技能培训的教学内容要在计划决策时提前商定，不能临时决定。2018 年 5 月百色市烟叶烘烤技术人员精细化烘烤技能培训，早在 2018 年初就制订计划，并提前与外聘专家进行沟通，达成共识。

第一，对烟叶烘烤技术人员的精细化烘烤技能培训，既要重视技能培训，又要重视理论培训；既要重视学员的烟叶烘烤实操技能的提高，又要重视学员烟叶烘烤思维方式的改进及讲课（培训）技能的提升。

第二，烘烤理论培训重点是精细化烟叶技术体系、过程控制基本理论和“1239”技术模式。在烟叶烘烤过程控制方面，重点让学员深入理解和把握精细化备烤、采收、夹烟装炕和烘烤控制等各工段的“4M1E+”的全面管控。

第三，实操技能培训主要围绕精细化烘烤的新技术、新方法及常规烘烤的薄弱环节或薄弱模块，重点是对“机、料”备烤、烤烟成熟度的田间判定、分类调查和烟叶采收期的精准确定、采后烟叶成熟度检验、烟叶夹持装炕工艺质量控制、烘烤过程中烟叶变化的精准判定、烤后烟叶烘烤质量的抽样调查、整体评价与技术改进等。在培训期间将学员分组，每组全程烘烤一炕烟叶，在烘烤过程中全面体验并进一步掌握精细化烘烤技术要领。

第四，讲课技能及思维方式培训。根据工作需要，让学员上台讲课。在学员

讲课过程中，由讲师团现场打分并评讲，通过上台锻炼和专家点评，进一步开发学员的思维潜能和讲课（培训）能力。

（二）根据教学内容，配置方式方法

教学方法包括教师的教法和学生的学法，是教法与学法的统一。从教学本质看，教法要服从于教学目标和教学内容，更多地从学法和学习效果来考虑。在员工培训中，教师处于主导地位，教法比学法更为关键。

教学方法取决于教学内容、教学目的和教学对象。在培训对象、培训目的已明确的前提下，备课时尤其要服从教学内容的需要。

烟叶烘烤技能培训往往涉及众多环节和内容，不同环节或内容，往往需要不同的教学方法，如课堂讲授法、课堂讨论法（包括小课堂和单点课）、现场演示法、参观法、实验法、练习法、实践法及案例研究法等，才能取得预期效果。涉及专项技能训练，甚至要采取模式教学法（如下述“五段教学法”“四步教学法”）。

2018 年 5 月百色市烟叶烘烤技术人员（包括各产烟县分管烟叶副经理）精细化烘烤技能培训的教学内容与方法整理如下。

1. 精细化烟叶烘烤理论教学

主要内容：精细化烟叶烘烤三项理论，精细化烟叶烘烤“1239”技术模式（一套烘烤理念、两类技术规程、三类管理工具、九项管理技术），烟叶采收精准预测五步法和“双子型”烟叶烘烤工艺（方法）模式。

方式方法：主要是课堂讲授法（多媒体教学）。

2. 精细化烟叶烘烤实操

实操内容：烤烟精细化备烤、采收、夹装、烘烤控制及回潮卸炕。

方式方法：全程实操，边实操边指导，PDCA 循环。

3. 精细化烟叶烘烤技能专题训练

内容安排：烤房大备烤质量检查和问题查定，烟叶采收期精准预测五步法及田间烟叶成熟度的判定与可采烟叶量的判定（2 个标准模块）；采后适熟烟叶比例和鲜烟基本素质判定，烟叶烘烤工艺的程序化检查和烟叶变化判定（Ⅰ、Ⅱ、Ⅲ……）。

方式方法：现场教学，五段教学法——现场准备、课堂讲解、现场演示、学员练习、结果检验（直至学员达到熟练的程度）。

4. 讲课技能及思维方式培训

（1）内容安排

课题 1：根据本组烤房和烟叶采收、夹装实际，谈谈烟叶烘烤过程控制风险防控关键点，并制订完整烘烤工艺方案。

课题 2：烟叶烘烤过程控制为什么首先强调目标导向，而且是 SMART 导向？

课题 3：为防止烟叶烤青，烟叶烘烤应该怎样开展提前管理？

课题 4：烟叶烘烤为什么要重视量化管理？

课题 5：烟叶烘烤过程控制应如何防止烟叶挂灰和烤黑？

……

（2）方式方法

一日一题（第一天除外），四步教学——第一步是讲师团出题，第二步是学员分组讨论并确定讲课人，第三步是讲课学员备课，第四步是学员讲课（单点课），讲师团现场打分、点评指导。

值得一提的是，百色市烟草公司继 2017 年 5 月开展“跟着专家学烘烤”活动以后，2018 年 5 月的精细化烘烤技能培训再次外聘烘烤专家为首席讲师，开展“跟着专家学烘烤”活动。此法的实质是师徒传承。每期学员有一周以上的时间全程学习，观察专家如何指导烘烤烟叶，学习领悟烘烤精髓。这种方式不仅能锻炼员工实践动手能力，还能提高他们的洞察能力和分析问题、解决问题能力，深化理论感悟，提高综合能力。

五、专业化烘烤实操人员技能培训其他要领

（一）烘烤师烘烤技能培训注意事项

第一，烘烤师的烘烤技能培训由基层站点与烟农合作社共同组织，由烟技员对烘烤师进行培训。

第二，烘烤师的烘烤技能培训以技能培训为主，理论培训为辅。烘烤师缺乏新技术，更缺乏烟叶烘烤技术理论，因此，必须借助技能培训，适当提高理论水平。

第三，理论培训要简洁、通俗和易懂，不宜过于复杂。应事先印发技术规程文本或技术图册，然后运用 PPT 课件，向烘烤师展示精细化烘烤要点，让烘烤师相对轻松地学到精细化烘烤的技术理论和运行模式。

第四，烘烤技能培训可以参照烘烤技术人员的实操培训模式，但要分次进行。每次适量训练 1~2 个技术模块，不宜过量。

第五，重视烤前全面培训。在开烤之前，基层烟站（点）和线路烟技员要与烟农合作社充分沟通，做好对接，将烤前培训与烘烤师的招聘选拔结合起来，借助烘烤技能知识考核和提早预备的现场考核，选拔综合技能过硬的烟农壮大烘烤师队伍。

第六，注重烟叶烘烤关键环节的技能培训。在烤前全面培训基础上，利用现场分次（每次 1~2 个技术模块）进行烟叶烘烤关键环节的技能培训，有计划有步骤地持续提高烘烤师的烟叶烘烤技能水平。

（二）烟农烘烤技能培训注意事项

第一，广大烟农烘烤技能培训由基层烟技员和烘烤师共同负责。前两年讲师以烟技员为主，两至三年后应渐渐转为以烘烤师为主。

第二，开烤的烟农培训由烟技员负责，全方位进行精细化烘烤技术培训。开烤后，烟技员还要结合面上的技术指导，就具体烘烤现场或烟农的技术执行状态，经常性地灵活多样地开展精细化烘烤技术培训。

第三，开烤后的烟农培训由烘烤师负责。烘烤师可在田间地头、烤房群，也可以在烟农家中进行培训，但每次培训的时间不能太长，以便烟农消化吸收。烘烤期间，还要充分利用信息平台（微信、QQ 等）发布技术信息，如烟叶烘烤中容易出现的问题及其原因分析、解决办法等。烘烤师应及时发布精细化备烤、配炕采收、夹烟装炕等技术要点，让烟农提前准备，与烘烤师的工作节奏保持一致，使专业化烘烤有序运行。

第四，由于烘烤师直接与烟农接触，他们之间交集最多，由烘烤师对烟农进行烘烤技能培训更容易取得预期效果，同时也要讲究培训指导技巧。如在培训指导过程中，围绕大田后期管理、烟叶备烤、配炕采收、规范夹烟、合理装炕等环节，让烟农的行为符合精细化烘烤技术要求，还要让烟农深刻理解做好这些工作对提高烟叶烘烤质量和效率的重要作用，让烟农从被动的接受要求向主动做好工作转变。

第五，对烟农的培训在理论上要严谨求实，在实践上要有示范对比，在现场现身说法，让烟农通过内心感悟，自觉完成精细化烘烤的各项工作。

第三节　烟叶烘烤技能培训效果评估及强化

培训效果评估是对某个培训项目的设计、实施水平及其效果的评价衡量活动。技能培训追求实效，必须进行效果评估。培训效果评估是企业员工技能培训的重要环节。

一、技能培训效果评估的目的

（一）评估培训的作用是否达成

无论是培训的组织部门还是业务部门都应关注培训的作用，否则就会降低投资效益，大方向上不利于企业发展，小方向上不利于培训实施或部门开展新的培训计划。

（二）评估培训的质量是否要改进

作为培训负责部门应全面掌握培训质量，对不合格的培训，应及时找到失误之处加以纠正。对培训中的亮点进行分析和总结，有利于今后继续发扬，将企业的培训工作越做越好。

（三）评估培训的效果如何强化

应针对培训中的不足采取相应纠偏措施并加以跟踪。技能培训效果不仅仅体现在培训期间，还体现在培训后的实际工作之中。也就是说，培训的目的有没有达到，还要进一步考查学员回到工作岗位后的实际工作能力是否提高，工作业绩是否提升。这样就能形成“培训—应用—再培训—再应用”的循环往复、不断提升的良性机制，使培训工作真正达到培养人才和促进企业发展的目的。

（四）评估培训成本可否降低

开展培训将消耗财力、物力和人力，舍得投入才能取得预期效果，但投入与产出也要平衡，不能过于耗费。

二、技能培训效果评估内容与方法

主要对培训设计、培训内容和培训效果进行评价。通常通过受训者的反应评估、学习评估、行为评估、培训成果评估或效益的衡量来测定。

（一）针对培训设计进行评价

评价内容包括培训目的、培训需求、培训时间（时机）、培训地点、培训内容、培训讲师的选定、讲义的准备、场地条件、现场设置及培训的方式等。具体方法与其他专业技能培训类似。

（二）针对培训过程进行评价

评价内容包括教学过程组织、时间分配、教学方法、考核安排、培训总结及培训后的工作要求与追踪调查等。具体方法参照其他专业技能培训。

（三）针对培训的教学效果进行评价

通常于培训结束时开始，也可从培训期间开始，常分为四个阶段。

第一阶段（学员反应）：主要考核学员对该次培训设计、培训组织、培训方法及培训讲师的看法。在临近培训结束时，采取问卷调查或与个别访谈方式，征求学员对本次培训的感受。

第二阶段（学习效果）：主要针对培训内容和培训项目的整体情况及学员对学习内容的掌握和技能运用的熟练程度进行评估。培训结束后，可以通过对学员培训前后的知识、技能熟练程度的测试，了解学员的学习成效。具体评估方法有角色扮演法（如单点课）、模拟测试法、撰写学习报告等。

第三阶段（行为改变）：主要评估培训对学员技术行为和工作表现所产生的影响。可以在培训后通过对学员的跟踪调查，掌握学员参训后将培训的知识、技能在实际工作中的运用情况（包括自身的应用和向他人的传授等），如下文所述“烟叶烘烤技术指导到位率评价”。

第四阶段（工作效果）：即评估受训员工的工作绩效的提升程度。在精细化烟叶烘烤技能培训以后，主要测评员工受训以后的烟叶烘烤绩效、对下游员工的烘烤培训绩效以及精细化烟叶烘烤知识技能自觉迁移的水平等。其中，烟叶烘烤绩效最能说明精细化烘烤技能培训效果。

员工受训后的工作效果评估主要由学员所在部门或单位进行，不同的部门或单位最好同期开展测评，反馈测评结果。

（四）针对培训后的工作效果进行评价

1. 烟叶烘烤技术指导到位率评价

由当地烘烤主管以上级别的专业化烘烤监督人员以及分管领导组成3~5人的考评组，必要时可外聘专家参与。考评组以现场查看为主，对学员培训后的技术指导到位率（技术指导行为改进状况）进行考核。

考评执行的文件依据:《烤烟精细化密集烘烤过程控制关键点400清单》（见表9-2，以下简称“400清单”）。

具体方法如下。

（1）考评依据

在“400清单”中，每个控制点技术到位赋分1.0分。该清单共有400个关键控制点，全部到位总分为400分。

（2）考查打分

以烤房为单元进行抽查，围绕抽查到的若干烤房的在线状态，考核所在烤点烟叶烘烤流程中“4M1E+”及工序控制的指导情况，对照“400清单”要求，对所考查的所有控制点（也可分项随机抽查）逐项打分。对于每一个控制点，符合要求的判给1.0分，不符合要求的判为0分。

（3）考评计分

统计某个考评对象的实际得分，除以“400清单”对应项目总分，所得百分率即为该考评对象精细化烘烤技术指导到位率。计算式如下：

精细化烘烤技术指导到位率$_{400}$=（考评得分 ÷“400清单”对应总分）×100%

一般重复1次。必要时可重复2~3次，并以重复结果的平均值作为最终得分。

依据“400 清单”进行考查，上式也可用于技术到位率评价。

2. 烟叶烘烤过程控制关键绩效评价

精细化烟叶烘烤技能培训之后的技术工作效果，一看烟叶烘烤技术指导到位率，二看烟叶烘烤过程控制关键绩效。两者相比，“技术指导到位率评价”着重考评考查对象的精细化烘烤技术水平和实际指导状态，但还不能反映考评对象通过精细化烘烤技术指导后的技术到位率或最终技术效果，这时，“烟叶烘烤过程控制关键绩效评价”显得更加全面和适用。

“烟叶烘烤过程控制关键绩效评价”是目前考核烟叶烘烤技术精细化水平的最佳方法，也是精细化烟叶烘烤技能培训效果评价的最好方法之一。

为了提高烟叶烘烤过程控制绩效，我们在广西开展的研究项目，就烤烟精细化烘烤的 SMART 目标进行了逐段细化及量化研究，形成了精细化烘烤过程控制质量目标和指标体系。该体系不仅与“400 清单”一样加强了精细化烟叶烘烤水平考核，还可单独进行烟叶烘烤过程控制关键绩效评价。

表 9–3 是基于“400 清单”的细化尺度和精细化烘烤过程控制质量目标的指标要求，对当前烟叶烘烤过程控制关键绩效评价所做的一种基本设计。它既反映了精细化烘烤的最终绩效——烟叶质量输出水平，又反映了烟叶烘烤过程控制的输入水平和整体水平。所以，它不仅可以用于平行比较，还可用于前后比较，但要注意以下两个方面：第一，采用该法，需要投入较长的时间和较多的精力。第二，该法虽好，但不能替代烟叶烘烤技术指导到位率评价或技术到位率评价。

三、精细化烘烤绩效评价注意事项

精细化烘烤绩效评价实质上就是精细化烘烤技术水平评价，这种评价势必推动精细化烘烤技术水平的持续提升以及精细化烟叶烘烤的技术改善，发现问题及时整改，再发现再改进，通过 PDCA 循环，促使精细化烘烤技术落地生根、发扬光大。而要达到这个目的，还要注意以下四点。

一是要将精细化烟叶烘烤与专业化烘烤主力队伍（烟技员与烘烤师）的工作业绩挂钩，通过考核评价，激励工作到位和技术到位。

二是要完善对精细化烘烤技术的评价机制，不能照搬照抄精细化烟叶烘烤技术研究的项目成果，要更好切合烟区的生产实际和工作的需要，不能降低项目规定的基本尺度和具体标准。

三是建立精细化烟叶烘烤技术评价的组织体系，按照层级管理模式，抓好精细化烟叶烘烤技术落实的考核评价，层级要分明，不能一竿子捅到底。

四是建立精细化烟叶烘烤的反馈机制，及时反馈评价结果，促进精细化烘烤技术整改与完善，进一步强化培训效果。

表 9-2　烤烟精细化密集烘烤过程控制关键点 400 清单（广西百色）

工段		烟叶烘烤过程控制关键点	赋分	得分	备注
备烤段144分	大备烤117分	无论单户烘烤，还是多户间合烤，均能 1 座烤房匹配 20~24 亩烟叶种植面积	1		
		确定种烟计划时，就协调好租赁烟田的交田时间，确保上部烟叶能够成熟采烤	1		
		开烤前提前 30 天以上组建烘烤专业队、采收专业队（烟农互助或外请务工）；明确烟农家庭主管 AB 角	3		
		烘烤专业队一经成立就立即开展备烤培训，并制订切实可行的备烤计划	2		
		培训后：为了培育壮烟，烟农皆能打好顶，留好叶，控住烟杈，调好肥水，防好控好病虫草害	5		
		打顶后：烟田卫生，无病虫草害，水分适宜，不见烟杈，个体健壮，群体整齐，分层落黄，适时成熟	10		
		从备烤起：烤房设施设备及烘烤物资均由烘烤专业队集中调配、统筹使用	1		
		时间控制：开烤前提前 15 天以上完成烤房设施设备检修及烘烤物资准备；提前 5 天以上完成烤房空载调试及采收专业队和全体烟农的开烤培训	2		
		烤房状态：结构完好，牢固密封，供热充足，保湿保温，分风均衡，调控灵敏，电源稳定，安全运行	8		
		烤房集群：场地充足，清洁卫生，功能分区，有序运行，道路宽阔，排水良好，安全消防，环境宜人	8		
		物资准备：数量充足，质量可靠。其中，煤炭热值高、硫含量低、结渣性适中	5		
		开烤前，电源足，电压稳（变压器），备有应急电机，且提前试发电状态正常	4		
		开烤前，烤房（群）线路规整完好，接地安全	2		
		开烤前，确保烤房顶部、墙壁、门窗密封，且观察窗玻璃清洁	4		
		开烤前，烤房传感器、循环风机接线位置正确	2		

续表

工段		烟叶烘烤过程控制关键点	赋分	得分	备注
备烤段144分	大备烤117分	开烤前，烤房房体、加热炉、热交换器、烟囱各部严密；炕内无烟气循环	5		
		开烤前，烤房清理烟囱、热交换器积灰，清理加热室和风道杂物，确保通畅	4		
		开烤前，烤房炉条、炉壁、热交换器稳固，安全可靠	3		
		开烤前，烤房进风门感应灵敏、转动灵活，能自动关严	3		
		开烤前，烤点所有气流下降式烤房的回风口都设有挡叶网	1		
		开烤前，烤点烤房烟架中梁必须完全密封，边梁紧靠墙壁	2		
		开烤前，烤点烤房内部地面硬化、风道平整；装烟室地面清洁、无杂物	4		
		开烤前，烤点每座烤房传感器水壶严密（不漏水），纱布清洁	2		
		开烤前，每座烤房主副传感器功能完好，定位明确，各就各位	3		
		开烤前，每座烤房空载试火，确认自控器和循环风机、进风门、助燃风机性能完好	5		
		开烤前，借助烤房空载试火，烤干墙体和地坪	2		
		开烤前，烤房工作区基础设施齐全，防洪排水通畅，有避雷装置，有足够消防设备	4		
		开烤前，烤点准备的烟叶采收运输用鲜烟包装器材规格一致，材质适宜，系绳安全	3		
		开烤前，烤点夹烟台限定的叶柄露头尺寸合理，且能够根据烟叶叶柄特征调整尺寸	2		
		开烤前，烤点制作安装 2 种以上技术看板，便于烘烤师和烟农们随时随地学习参考	2		
		烤点在烟株“圆顶”至下二棚叶成熟期及时启动田间烟叶成熟度定点监测追踪调查（分类、定点、田调、填表）	5		
		开烤前，大备烤事事有检查、有落实、有记录	3		
		新建烤房及动力电源，开烤前提前一个月完成	2		
		开烤前，登记每座烤房存在问题和特点（尤其高低温区位置、烟架每格长度等），张贴公布，让作业人员皆知	4		

续表

工段		烟叶烘烤过程控制关键点	赋分	得分	备注
备烤段144分	小备烤27分	在每一炕烟叶烘烤及前后炕间歇期间，都在持续进行小备烤	1		
		田间小备烤能够及时管控烟杈和病虫草害，及时进行营养调节，雨多排水，干旱灌溉	7		
		在每一炕烟叶烘烤期间，综合判断下一炕烟叶素质，及早确定采收、装烟、烘烤对策	6		
		烘烤期间每3~4天一次，调查田间烟叶成熟状态，准确预测当前烟叶适熟、适量采收日期	4		
		采收前，烟农都能深入烟田，掌握烟叶成熟情况及可采烟量，与烘烤师沟通协商采收日期	2		
		在每一炕烟叶烘烤及前后炕间歇期间，能及时维修解决本烤点烤房设备、设施的任何问题	2		
		烘烤专业队能分别在下部烟叶、中部烟叶烘烤结束时及时总结分析，分别提出中部烟叶和下部烟叶的烘烤技术关键	4		
		每炕采烟和烘烤，都能防止非烟物混进烟叶	1		
采收段71分		人人皆知烤点，烟叶采收的实质是科学配炕	1		
		烤点在采收烟叶之前，由适宜装烟量决定适宜采烟量	1		
		人人皆知烤烟下部、中部、上部烟叶成熟可采的基本特征	3		
		人人皆知田间烟叶的成熟采收以烟叶基部成熟为准	1		
		人人熟知旱天烟、雨天烟采收成熟度的调节方向及底限	2		
		家庭主管掌握并执行一般下部、中部、上部烟叶的适宜装烟量指标	3		
		家庭主管掌握并执行下部、中部、上部烟叶的采后适熟叶比例要求	3		
		坚持烟叶采收四个基本原则：适熟采收，适量采收，整齐采收，养护性采收	4		
		整齐采收：（1）当天采烟，当天装烤，烟叶新鲜度整齐；（2）采后叶柄整齐	2		
		采收日下田时间灵活掌握：旱天烟带露水采，雨天烟等待叶表水减少了再采	2		

续表

工段	烟叶烘烤过程控制关键点	赋分	得分	备注
采收段71分	户间合烤时，几个烟农家庭主管能够事先合计好烤房总装烟量及各户采烟量	2		
	各烟农家庭主管或烤点主管能够精心组织各户烟农，按程序化要求进行采烟	2		
	在采烟当日，田间采收现场由烟农负责主管，烤房工作区有烘烤师配合主管	2		
	田间主管在采烟前，结合实物标准，讲清烟叶采收成熟度的典型标准和最低标准；强调只采熟烟叶，不采生烟叶，不许各烟株按同样片数采摘；讲清采烟次序、作业方法及其他注意事项	10		
	主管吩咐之后，大家依次有序采烟，不漏株，不漏行，不漏田，不采生烟，不撕茎皮	6		
	采后烟叶避免曝晒和风干；包装运输时保持叶柄整齐，系绳松紧适度，保证烟叶完好	5		
	采后包装、运输、堆放过程中，都能严防非烟物质混进烟叶	3		
	田间主管在田间采收现场能多次巡检纠偏	1		
	采后烟叶能及时、保护性运到烤房工作区	2		
	采后烟叶在烤房工作区集中堆放；防止日晒、雨淋、风干、水淹、污染；防止烟堆过厚堆心发热；防止损伤	8		
	结合采后包装和装车运输，由专人统计采烟量进展；田间主管能及时、准确地终止田间烟叶采收活动	2		
	采后烟叶运到烤房工作区有人复查烟叶成熟度，发现问题后能及时反馈到田间采烟现场	2		
	同烤点每个烘烤轮次的开头5炕，烘烤师按规范要求检验采后烟叶成熟度，及时填表、统计，并向户主反馈	4		
采收段81分	人人熟知烟叶夹装任务：科学分布烟叶（满、匀、齐、准）；布好监控措施；判定烘烤特性；记录夹装情况	7		
	夹烟前，现场主管掌握进场空夹（竿）总数	1		

续表

工段	烟叶烘烤过程控制关键点	赋分	得分	备注
采收段81分	夹烟前，现场主管先做现场培训，统一要求夹烟重量、烟叶夹持质量，以及夹后烟叶如何定点、分类存放	5		
	夹烟前，必须保证烟夹完好，损坏的烟夹及时维修	1		
	多户合烤时，户户夹烟规格统一	1		
	夹烟前，必须搞好鲜烟分类，使每夹烟叶同质化	1		
	夹烟时保持每夹叶柄露头一致、夹内均匀一致、夹夹烟叶重量一致	3		
	夹烟时注意抖散烟叶，防止烤中粘连；夹头铺满烟叶，防止夹头过空	2		
	夹内烟叶厚度适当，均匀铺满，梳针下插精准到位——防止插偏和未插到底	5		
	夹烟过程中，严格防止非烟物质混进夹内；夹后烟叶必须分类、有序，夹面朝上安全存放	4		
	禁止边夹烟边装炕；夹烟完毕并点清夹数才可装烟；场地困难时只允许部分夹后烟叶在目标炕内有序存放	3		
	夹烟过程中，现场主管能多次开展巡检、称重、纠偏活动——确保高质量夹烟	3		
	每一轮烘烤的开头5炕，在夹烟即将结束前选5~6夹代表性烟叶，单独标记、存放、待装，用于烘烤质量检验	2		
	装烟前，现场主管负责核准夹后的总夹数	1		
	装烟前，首先平均分配上下各棚装夹数量（上下各棚夹数相等，夹距相等）；然后——明确同棚每格装烟夹数	2		
	装烟前，传感器水壶应装满清水，水壶中纱布必须清洁、松软，若纱布僵硬要更新	3		
	装烟前，明确适熟叶、偏生叶、过熟叶的区域定位（按共性规律，结合个性特点）	5		
	装烟前，烤房内外须有良好照明条件；装烟中，前、后窗烟叶代表性好	3		

续表

工段	烟叶烘烤过程控制关键点	赋分	得分	备注
采收段81分	装烟时及时将用于烘烤质量检验的5~6夹烟样挂放在烤房靠门一端二棚第二格与第三格交接处	2		
	装烟时，炕内主管按照烤房空间定位要求，计划调度，指挥递烟——确保有序递烟、合理装烟	2		
	装烟时，确保作业人员人身安全	1		
	装烟时，梳式烟夹必须各夹同向	1		
	装烟时，在顶棚、底棚测温位置，能及时、准确挂放温湿度传感器，并调适感温探头高度	5		
	装烟时，挂放温湿度传感器时严格检查湿球水壶是否拧紧、拧紧是否漏水，没有问题再挂好	3		
	结合田间落黄特征、成熟速度、采收成熟度及采后叶色、叶厚、水分、质地等，判定烟叶易烤性和耐烤性	9		
	装烟后密封烤房，检视其各处及自控器电池，记录夹装烟情况及关键数据，设置完整烘烤曲线	6		
烘烤段104分	知晓密集烤房的长处和短处，能扬长避短地发挥密集烤房的性能优势；同时，熟知正在使用的各烤房的特点	2		
	因叶制宜定烘烤目标：对素质好的烟叶主攻内质；对素质较好的主攻上等烟比例；对素质较差的主攻黄烟率	3		
	在确保烟叶烘烤质量的前提下，力所能及节能烘烤	1		
	熟知干球温度35~36℃、38~42℃、46~48℃、50~55℃、58~62℃、68℃的烘烤意义	6		
	熟知干球温度40~42℃、50~55℃的稳温时间对烟叶烤香的作用	2		
	掌握36℃、38℃、42℃、48℃烟叶变黄与失水程度的协调要求	4		
	掌握50℃缓冲达标烘烤、58~62℃特设目标烘烤及42~44℃的变通烘烤	3		
	切实理解“三段六步柔性烘烤法”“四段五步双低烘烤法”及其组合功能，并能根据实际装烟量、烟叶素质、水分大小、烟叶群体同质化程度及烤房特点制订切实可行的烟叶烘烤工艺预案	8		

续表

工段	烟叶烘烤过程控制关键点	赋分	得分	备注
烘烤段104分	烤前烘烤工艺预案体现了当炕烟叶烘烤目标定位，注意到不同烤房的性能特点和密集烤房的“催黄效应”	3		
	根据烤前烘烤工艺预案，分别采用烘烤起步缓冲法、中速升温定色法、高湿干片保润法、慢加速升温干筋法	4		
	将烤前制订的烘烤工艺预案设置为完整的烟叶烘烤工艺曲线	1		
	烘烤过程中能动态满足温控要求，不烧“跑马火”，不烧“憋火”	3		
	烘烤中能够做到：（1）看烟叶变化、看温湿度高低、看天气、看时段烘烤。（2）关键温度能保证，具体控制能灵活。（3）湿球温度有基准，具体调整很灵活。（4）稳温时间，精准掌握。（5）不同烤段，工艺联动	8		
	烤中能有效实施38℃调湿协调法、分层跟进变黄法、分层跟进半干法、低风烤香干片法、低风干筋保香法	5		
	烤中工艺检查程序化：一看前窗主控干湿温度和烟叶变化；二看前窗副控干湿温度和烟叶变化；三看后窗烟叶变化及协调程度；四看炕门口及其里面几夹烟叶变化、协调程度；五进炕全面查看底棚烟叶变化及协调程度	5		
	50℃之前：在烟叶分布质量好、同层烟叶同质化程度高时，阶段性烘烤目标的群体保证率可为90%左右；在烟叶分布质量不高、同层烟叶“同质化”较差时，阶段性烘烤目标的群体保证率降低至85%左右	2		
	烤中每次查看烘烤工况后，能通盘考虑烘烤曲线的调整及后续烘烤注意事项	2		
	烘烤中炕门能开能关、不封死——方便进炕检查烟叶变化	1		
	烤中干球温度超过48℃以后，及时打开循环风机冷却口	1		
	烘烤中全面、持续管控烟叶变化：全面查看，及时协调，分段达标；烘烤人员交接班规范，连续管控烘烤过程	4		

续表

工段	烟叶烘烤过程控制关键点	赋分	得分	备注
烘烤段104分	烤中掌握烟叶烘烤进程时，能考量全炕烟叶的同质化程度（尤其多户合烤时）；在同质化较差时，能依据大多数烟叶素质进行烘烤工艺参数调整	2		
	烤中能合理使用高低风速：（1）定色前期大排湿，必须使用高风。（2）临近大排湿，交替使用高低风。（3）多雨时，下部烟叶变黄初始适当利用高风。（4）烟叶干片后，一般不宜使用高风	4		
	烘烤过程中善于应对停电：（1）应急发电准备充分。（2）对装烟室做稳温处理。（3）炉子封火。（4）加热室泄热。（5）切换电闸。（6）尽快发电。（7）自控器电池能够续航	7		
	烘烤期间管好炉渣，确保自身安全和他人安全	2		
	烘烤后期能根据烟叶和温湿度表现，及时停火；停火后，待烤房温度慢慢下降到 45℃以下，才进行回潮处理	2		
	烟叶回潮适度：手感略软，沙沙作响；叶脉较硬脆，容易折断	2		
	在自然回潮或人工回潮过程中，及时掌握烟叶水分，对标控制回潮时间；回潮适度，及时出炕	2		
	烟叶出炕过程中，注意观察炕内不同方位的烟叶烤后质量状况	1		
	下烟出炕时，能完整取下烤前安排的 5~6 夹烟叶烘烤质评烟样	1		
	对 5~6 夹烟样及时分级、称重、记录、统计（如上等烟、中等烟、青烟、杂色烟比例等）	4		
	结合全炕烟叶烘烤情况，及时客观评价该炕烟叶烘烤质量，及时总结经验教训，及时与烟农反馈沟通，及时得出技改结论（好的做法明确固化，不足的地方有改进思路）	5		
	在上述工作完成后能保存积累烘烤技术资料，包括具有典型案例价值的烟叶烘烤质评资料、烟叶烘烤过程控制关键绩效数据、自控器储存的温控数据以及全季烘烤煤、电用量	4		
合计		400		

表 9–3　精细化烟叶烘烤过程控制关键绩效指标（KPI）考核

田间“壮烟”比例（%）							备注
烤房设备合格状态（项）							
炕次	采后成熟烟叶比例	每夹鲜烟重（kg/夹）	烤房装烟夹数（夹）	烤房装烟总量（kg）	烤后上等烟比例（%）	烤后上中等烟比例（%）	
1							
2							
3							
4							
5							
6							
总评							

参考文献

[1] 宫长荣，周义和，杨焕文 . 烤烟三段式烘烤导论［M］. 北京：科学出版社，2006.

[2] 宫长荣 . 密集式烘烤［M］. 北京：中国轻工业出版社，2007.

[3] 宫长荣 . 烟草调制学［M］. 北京：中国农业出版社，2003.

[4] 黄启明，喻树洪 . 卷烟设备维修技巧［J］. 湖南安全与防灾，2007（1S）：56-57.

[5] 李震，邵忠顺 . 现代烟草农业背景下基层烟技员队伍建设现状与思考［J］. 中国烟草科学，2014，35（2）：117-121.

[6] 李亚纯，彭桃军 . 新形势下基层烟技员队伍建设的探讨［J］. 商情，2016，（37）：248-248.

[7] 汪中求 . 细节决定成败（十周年版）［M］. 北京：新华出版社，2014.

[8] 王能如 . 烟叶调制与分级［M］. 合肥：中国科学技术大学出版社，2002.

[9] 王志锋 . 精细化管理理论与实务系列讲座之二：精细化管理理论的形成和发展［EB/OL］.（2014-03-14）［2014-03-14］.https：// wenku.baidu.com/view/54b0cb2780eb6294dc886c93.html.

[10] 韦建玉，张大斌，王丰 . 烟叶高效烘烤技术与管理［M］. 北京：中国农业出版社，2013.

[11] 温德诚 . 德胜管理：中国企业管理的新突破［M］. 北京：新华出版社，2009.

[12] 谢已书 . 烤烟成熟采收与密集烘烤［M］. 贵阳：贵州科技出版社，2012.

[13] 姚洪水，陈仕萍 . 现代企业精细化管理实务［M］. 北京：冶金工业出版社，2014.

[14] 印德春 . 破茧：烟草行业精益管理指南［M］. 天津：天津科学技术出版社，2015.

[15] 翟建光，王少毅 . 烟叶密集烤房管护存在问题及改进措施［J］. 科技应用，2015（12）：22-25.

[16] 赵华武 . 密集烟叶烤房养护和管理工作浅谈［EB/OL］.（2012-10-30）［2012-10-30］.http：// www.tobaccochina.com/tobaccoleaf/curing/barn/201210/2012102392458_538842.shtml.

[17] 周士量 . 精细化管理一本通［M］. 北京：北京联合出版公司，2014.

[18] 祝乾湘，谭静，赵建，等 . 遵义市职业烟农现状调查及思考［J］. 农业科技与信息，2017，（8）：89-90.